高等职业教育教材

工程制图习题集

第二版

刘立平 主编

化学工业出版社
·北京·

内容简介

本习题集与刘立平主编的《工程制图》（第二版）配套使用，主要包括制图基本知识、投影基础、基本体及其表面交线、轴测图、组合体、机件的表达方法、标准件和常用件、零件图、装配图、焊接图、展开图、电气制图等内容。

本习题集中配有大量的二维码，可以通过扫码学习部分习题的绘图步骤视频或者三维模型动画等资源。

本习题集适用于职业本科、高职专科机械类、近机械类、电子类等专业学生，可以根据不同专业的课程标准在40～80学时内选用，也可作为其他相近专业以及应用型本科、成人教育和职业培训的教材或参考用书。

图书在版编目（CIP）数据

工程制图习题集/刘立平主编. —2版. —北京：化学工业出版社，2024.7

ISBN 978-7-122-45349-5

Ⅰ.①工… Ⅱ.①刘… Ⅲ.①工程制图-习题集 Ⅳ.①TB23-44

中国国家版本馆CIP数据核字（2024）第067658号

责任编辑：高　钰
责任校对：王　静　　装帧设计：刘丽华

出版发行：化学工业出版社（北京市东城区青年湖南街13号　邮政编码100011）
印　　刷：北京云浩印刷有限责任公司
装　　订：三河市振勇印装有限公司
787mm×1092mm　1/8　印张10¾　字数291千字　2024年6月北京第2版第1次印刷

购书咨询：010-64518888　　售后服务：010-64518899
网　　址：http://www.cip.com.cn
凡购买本书，如有缺损质量问题，本社销售中心负责调换。

定　　价：29.00元

前　　言

本习题集自2020年出版以来，得到较多院校认可。多年来，编者积累了更多更丰富的教学资料，又考虑到制图国家标准及行业标准的更新，因此对本习题集进行了修订，与刘立平主编的《工程制图》（第二版）配套使用。

制图课程是实践性很强的专业基础课，利用习题集进行绘图、读图的实践，是学习制图不可或缺的教学环节。本习题集的编写以培养学生绘制和阅读化工图样为根本出发点，突出绘图、读图能力的训练。

本习题集使用说明和建议如下：

① 做题之前必须先学习相关理论知识。

② 作图时不要急于绘图，先要根据已知条件和解题目标进行空间分析，空间分析和投影作图是实现人脑三维形状与二维绘图之间直觉思维的两个训练环节，缺一不可。空间分析之后，确定绘图思路和绘图步骤。

③ 严格按照国家标准的规定进行绘图，保证各种图线（粗实线、细实线、细点画线、细虚线等）线型、线宽的正确性。

④ 本习题集中配备了大量二维码，学习者在独立思考或者是自己完成绘图之后，再查阅习题的绘图步骤视频或者三维模型动画等资源，验证自己的绘图是否正确。

⑤ 本习题集配有参考答案和部分习题的立体模型，请发电子邮件至cipedu@163.com获取，或登录www.cipedu.com.cn免费下载，教师可根据需求推送给学生，避免学生在独立思考之前就参考答案，真正达到训练的目的。

本习题集由兰州石化职业技术大学刘立平主编。参加编写工作的有：刘立平（第1～4章），张化平（第5章），王霞琴（第6章），兰州石化公司卢世忠、余永增（第7、11章），张伟华（第8、9章），姜松涛（第10章），吴翠杨（第12章）。全书由刘立平负责统稿。

本习题集在编写过程中，参阅了大量的标准规范及近几年出版的相关习题集，在此向有关作者和所有对本习题集的出版给予帮助和支持的同志表示衷心的感谢！

由于编者水平所限，习题集中欠妥之处敬请广大读者批评指正。

编　者

2024年1月

目　　录

第 1 章　制图基本知识 …… 1

第 2 章　投影基础 …… 9

第 3 章　基本体及其表面交线 …… 15

第 4 章　轴测图 …… 21

第 5 章　组合体 …… 24

第 6 章　机件的表达方法 …… 34

第 7 章　标准件和常用件 …… 45

第 8 章　零件图 …… 53

第 9 章　装配图 …… 64

第 10 章　焊接图 …… 72

第 11 章　展开图 …… 73

第 12 章　电气制图 …… 77

二维码汇总表 …… 78

参考文献 …… 81

第 1 章　制图基本知识

1-1　字体练习　　班级　　姓名　　学号

1-1-1　汉字（长仿宋体）。

工程制图是研究工程图样表达与技

术交流的学科培养学生绘制阅读以

及形象思维能力提高工程素质和创

新意识班级姓名审核日期比例材料

1-1-2　数字和字母。

1 2 3 4 5 6 7 8 9 0 1 2 3 4 5 6 7 8 9 0

A B C D E F G H I J K L M N O P Q R S T

U V W X Y Z Φ φ R R δ α β γ I II Φ50 Ra3.2

a b c d e f g h i j k l m n o p q r s t u v w x y z

1-2 图线练习

班级　　　　姓名　　　　学号

1-2-1 按照图例绘制出相应的图线。

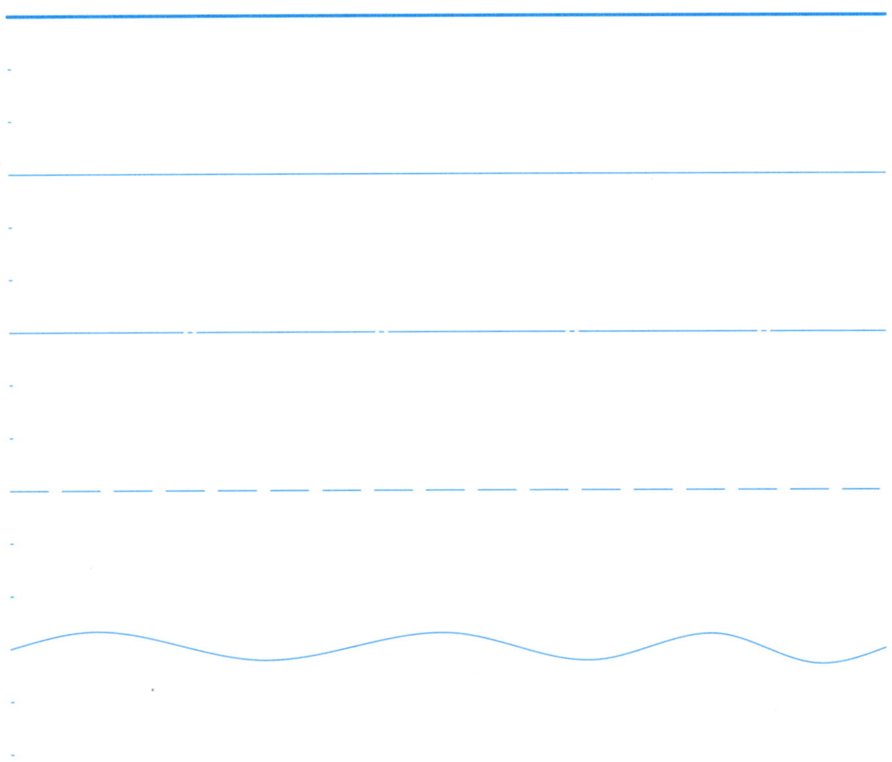

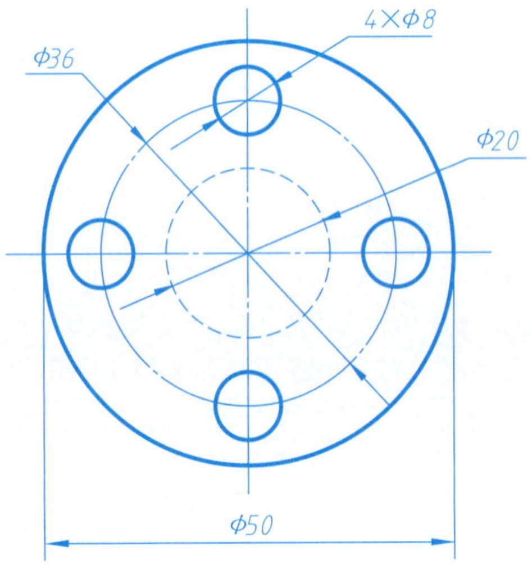

1-2-2 线型练习。

内容：用 A4 幅面图纸、竖放，按 1∶1 抄画图形，布图合理，保持图面整洁。

目的：掌握各种图线正确的绘制方法，正确使用绘图工具和仪器。

要求：

（1）用 H 或 2H 铅笔绘制底稿，用 B 或 HB 铅笔加深，圆规上的铅芯软一号。

（2）细虚线、细点画线等线段，长画、短间隔等尺寸参见配套《工程制图》（刘立平主编）表 1-3。

（3）粗实线线宽宜采用 0.5mm 或 0.7mm，标题栏中汉字采用长仿宋体。

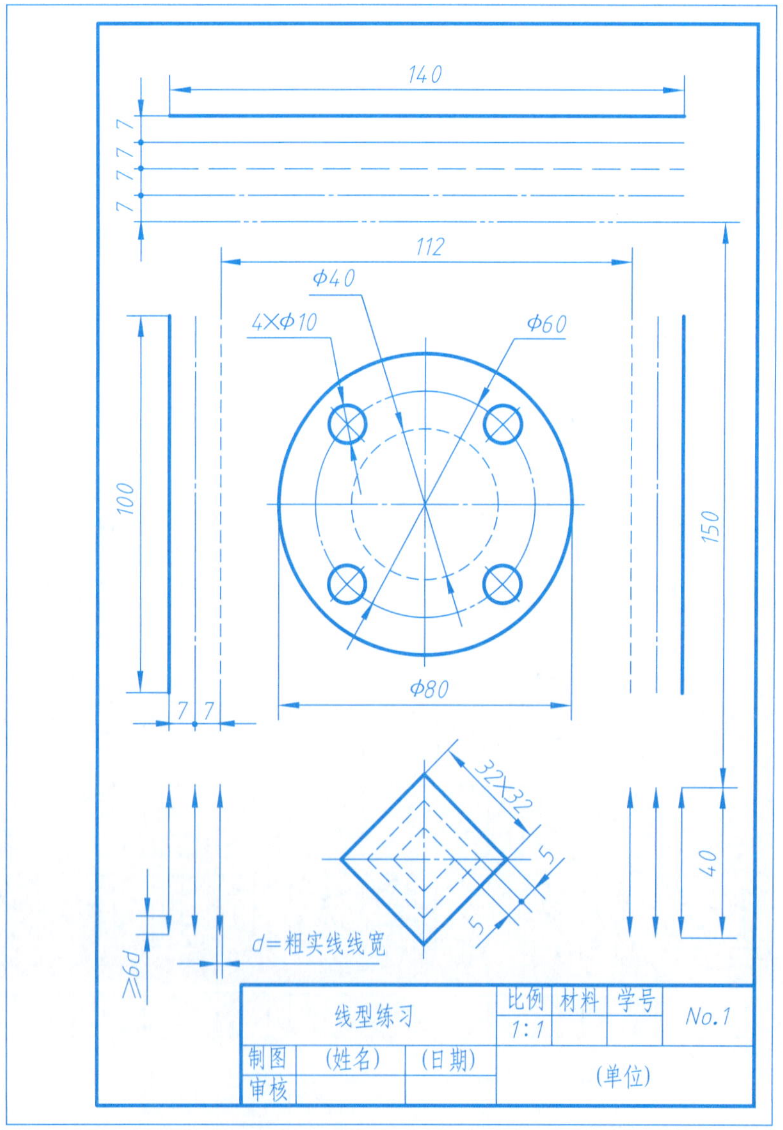

1-3 尺寸标注（尺寸数值从图中量取并取整数） 班级 姓名 学号

1-3-1 标注尺寸数字。

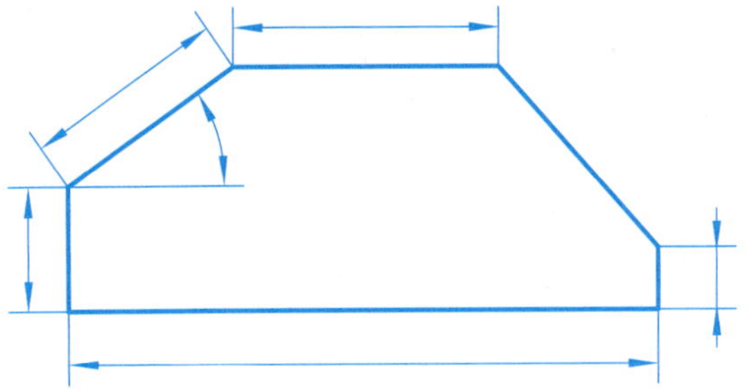

1-3-2 标注线性尺寸。

1-3-3 标注直径尺寸。

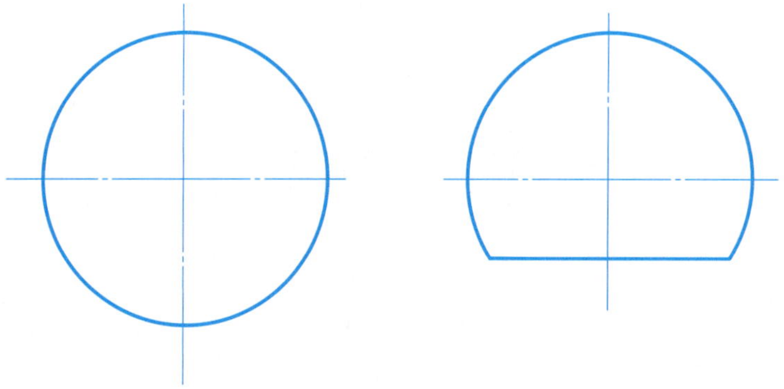

1-3-4 标注半径尺寸。

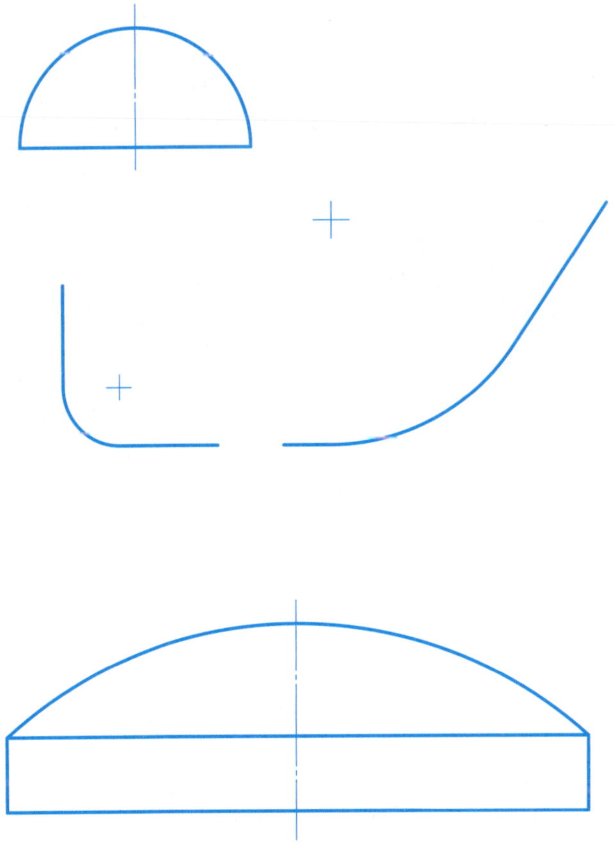

1-3-5 标注弧长、弦长尺寸。

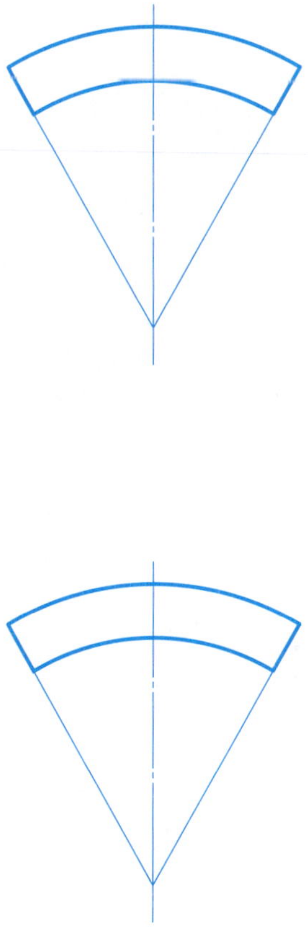

1-3-6 标注直径、半径、角度尺寸。

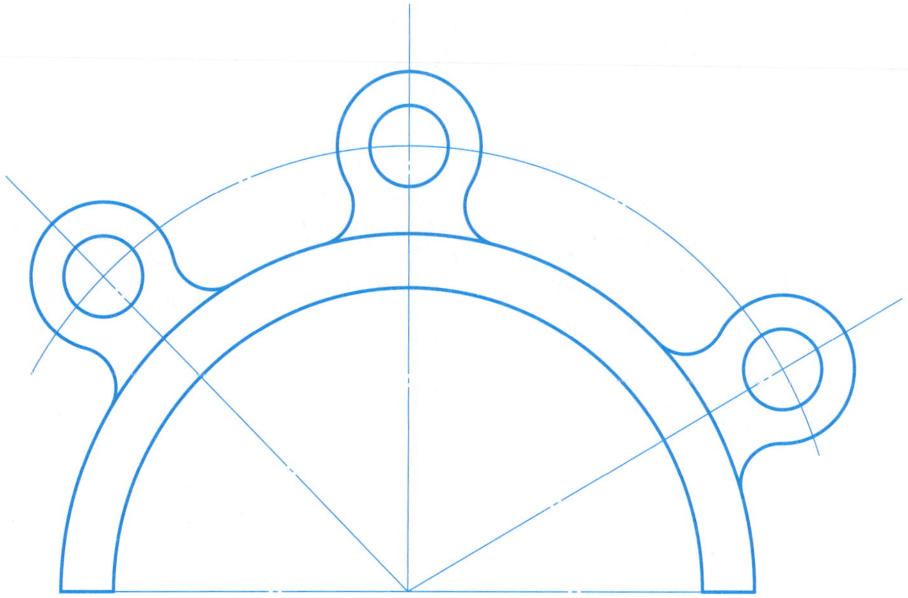

1-3-7　找出图中错误的尺寸标注，并在下图中正确标注全部尺寸。

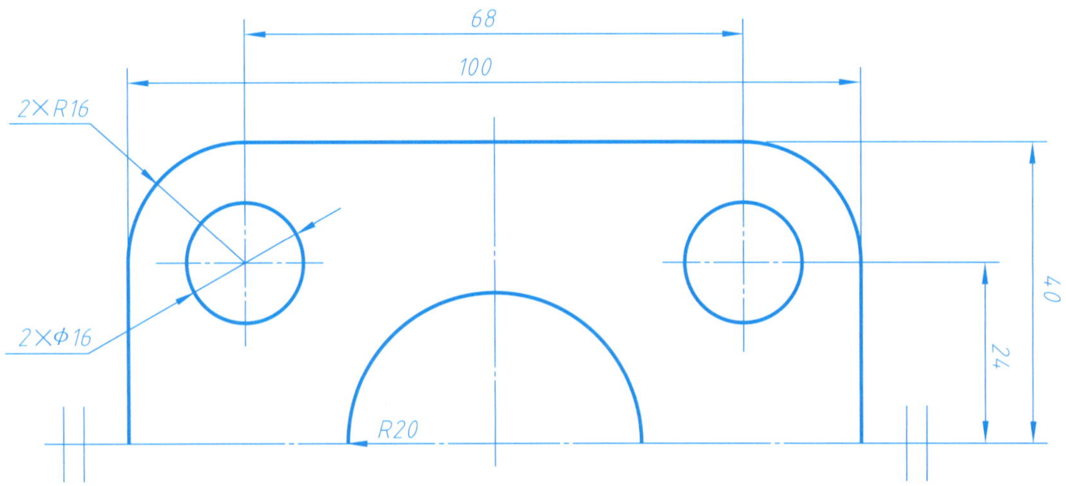

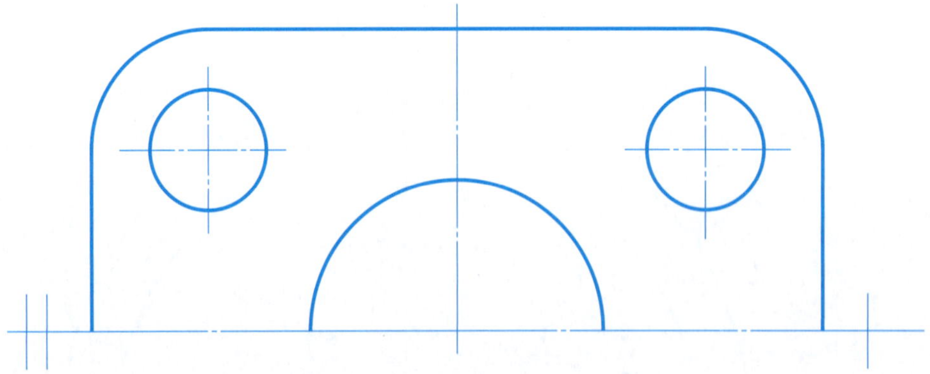

1-3-8　按照 1∶1 的比例抄画图形，并标注尺寸。

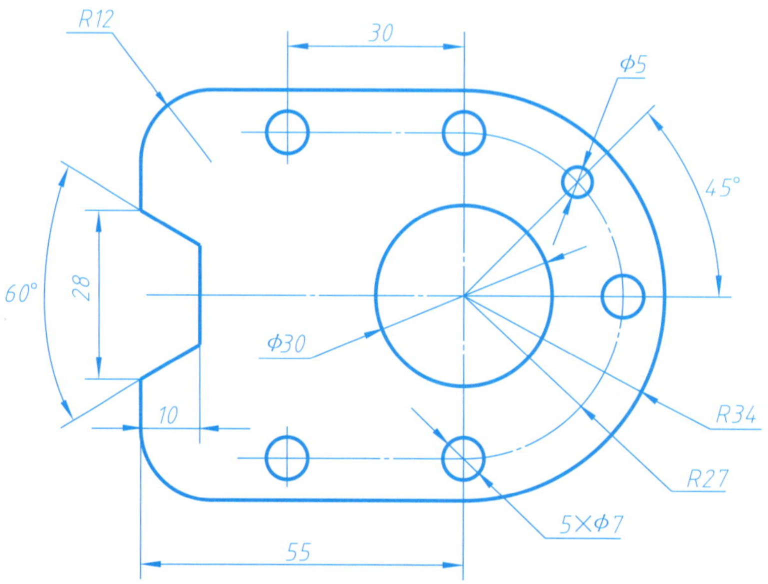

1-4 几何作图（保留细实线的作图线）

班级　　　　姓名　　　　学号

1-4-1　利用圆规作圆内接正三角形。

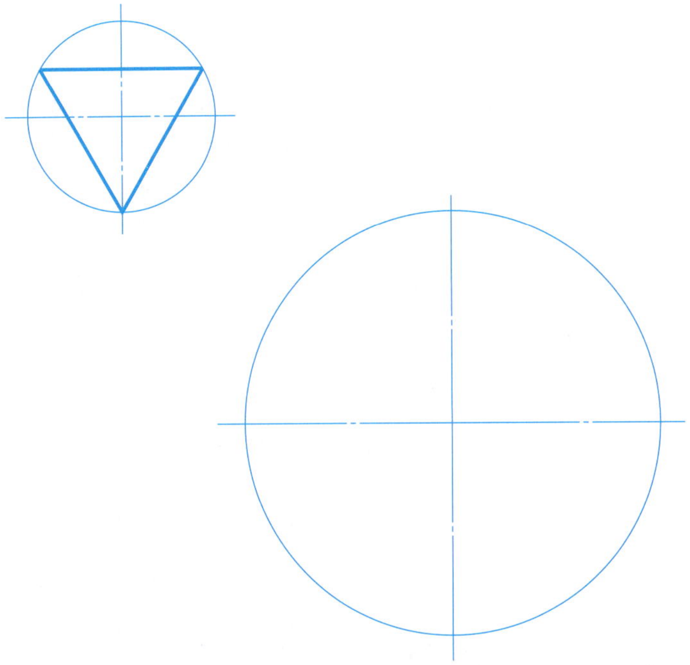

1-4-2　利用圆规作圆内接正六边形。

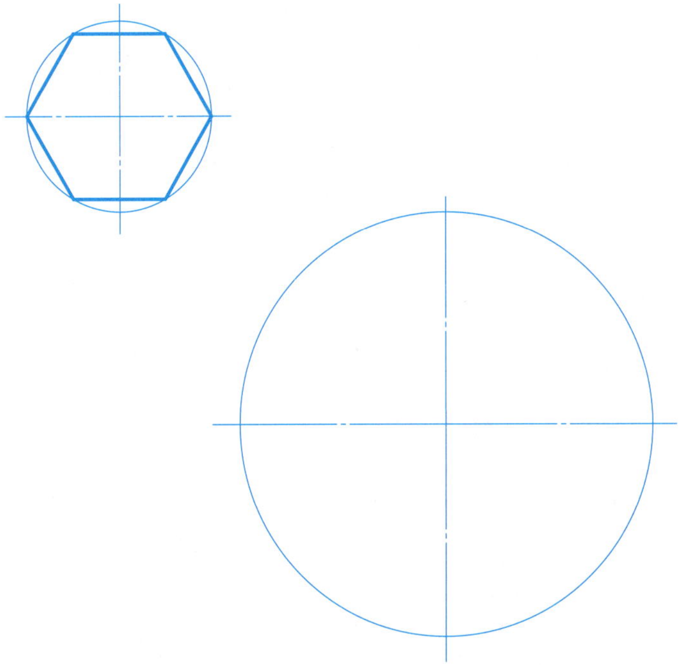

1-4-3　利用三角板作圆内接正六边形。

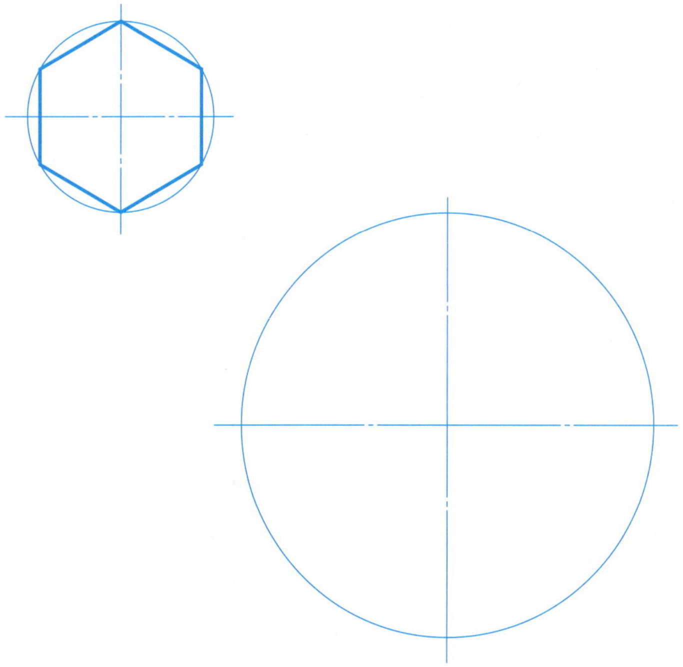

1-4-4　作圆外切正六边形。

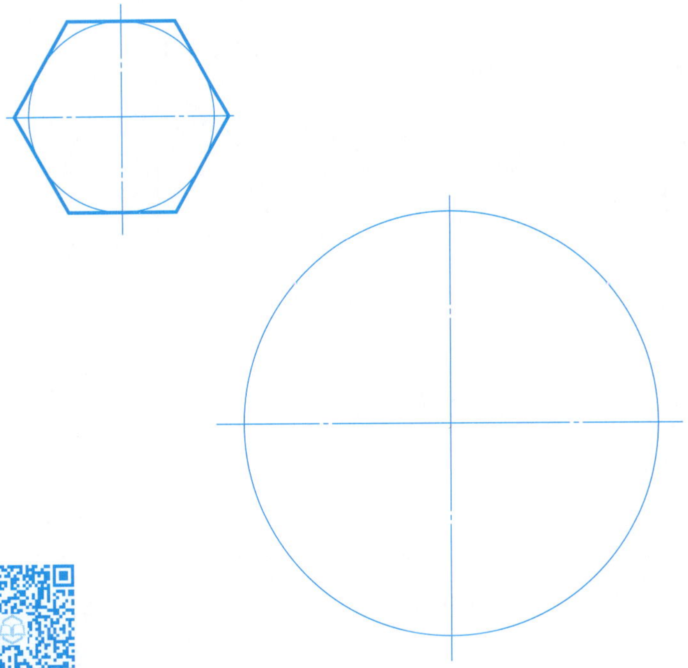

1-4-5　已知椭圆长轴为 80mm，短轴为 50mm，用四心圆法绘制椭圆。

1-4-6　已知椭圆长轴为 80mm，短轴为 50mm，用同心圆法绘制椭圆。

1-4　几何作图（保留细实线的作图线）　　　　班级　　　　姓名　　　　学号

1-4-7　参照左上角图形，画全图形，并标注斜度符号。

1-4-8　参照左上角图形，画全图形，并标注锥度符号。

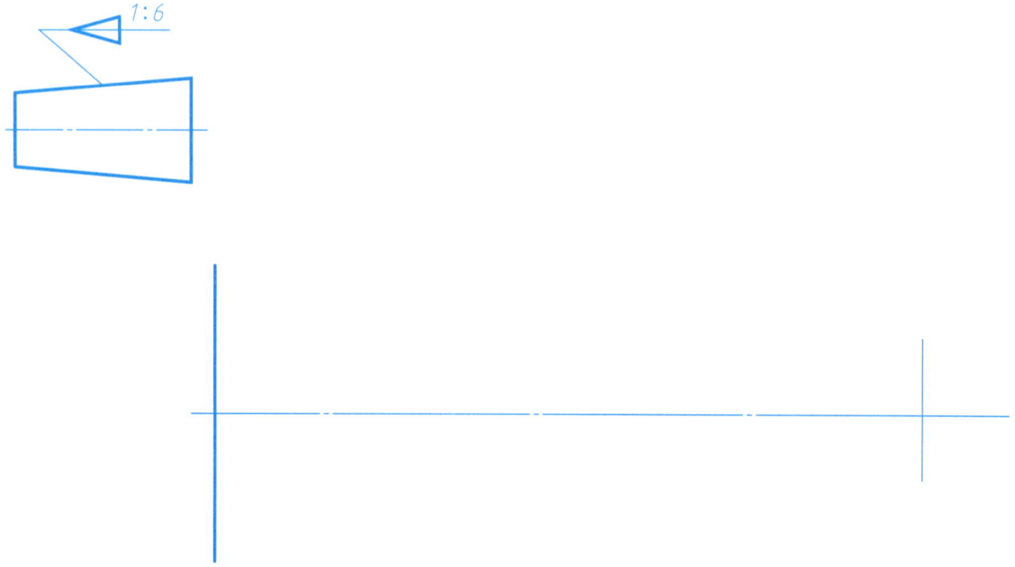

1-4-9　参照左上角图形，完成圆弧连接作图。

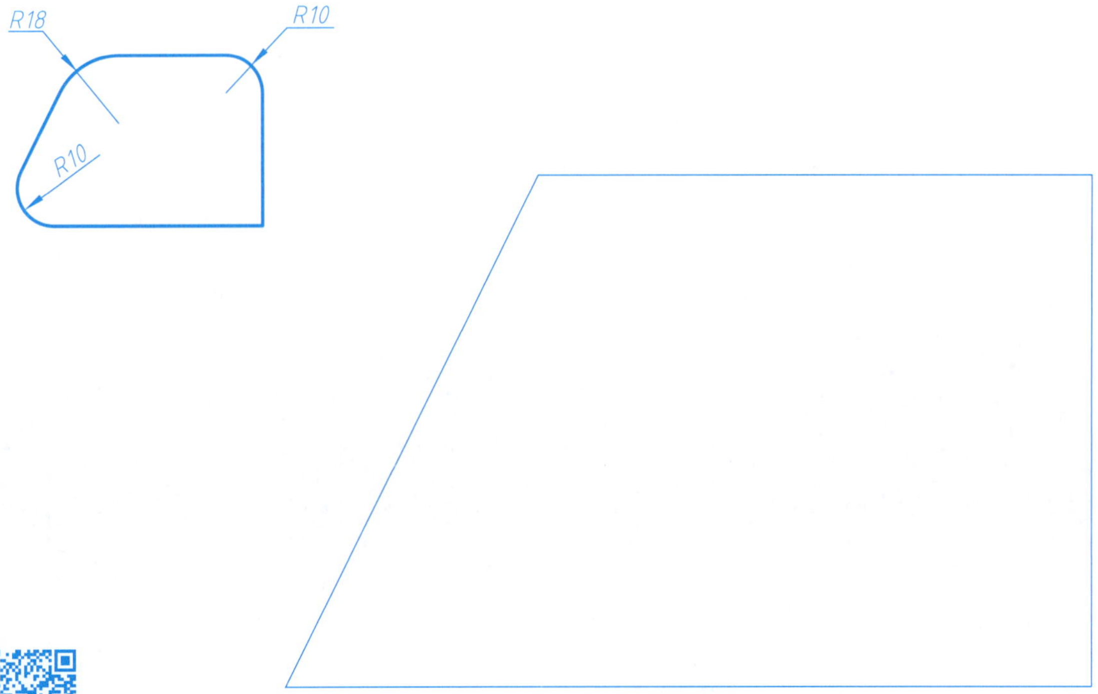

1-4-10　参照左上角图形，完成圆弧连接作图。

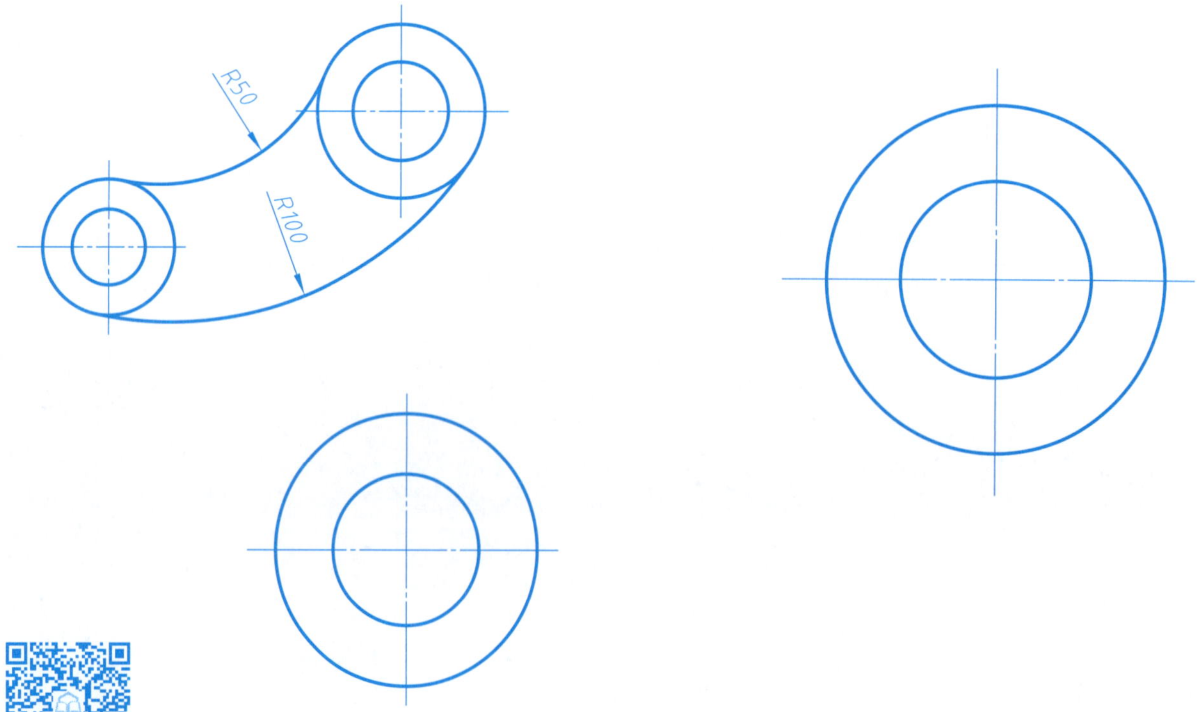

1-5　平面图形练习　　　　班级　　　　姓名　　　　学号

内容：任选一题，选择图幅、确定比例，抄画平面图形，并标注尺寸。

目的：掌握圆弧连接的作图方法，熟悉平面图形绘图步骤和标注尺寸的方法。

要求：

（1）布图匀称合理，图面清晰、整洁。

（2）线型均匀一致且符合国家标准规定，图线粗细分明。

（3）认真书写文字、尺寸数字，箭头大小一致。

（4）正确使用绘图仪器。

1-5-1

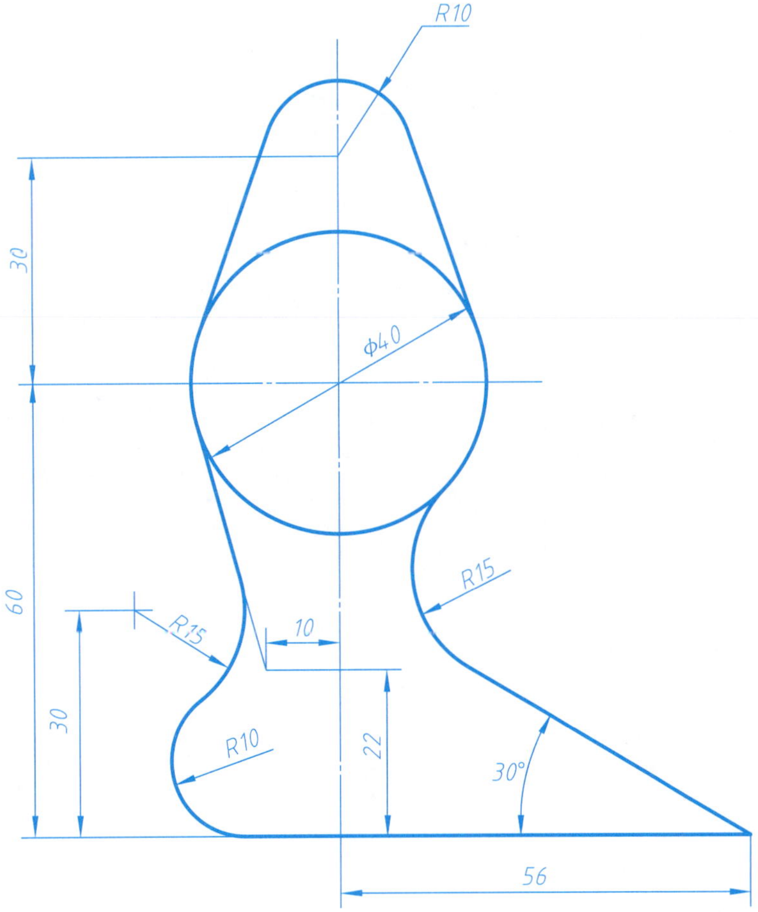

1-5-2

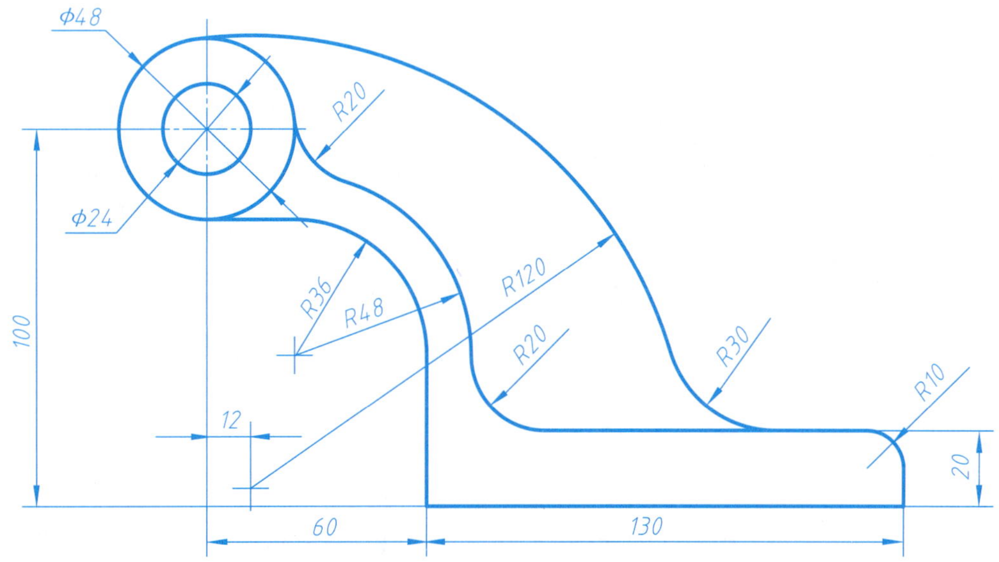

1-5-3

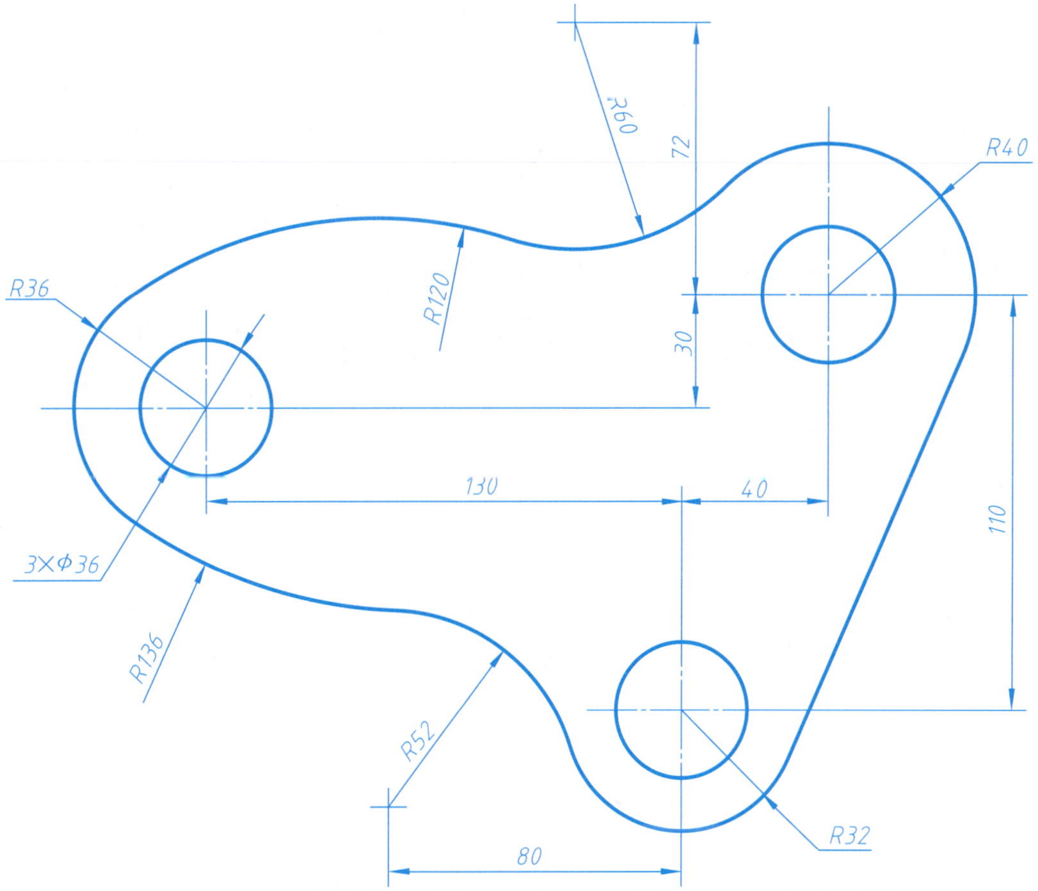

1-5 平面图形练习

班级　　姓名　　学号

1-5-4

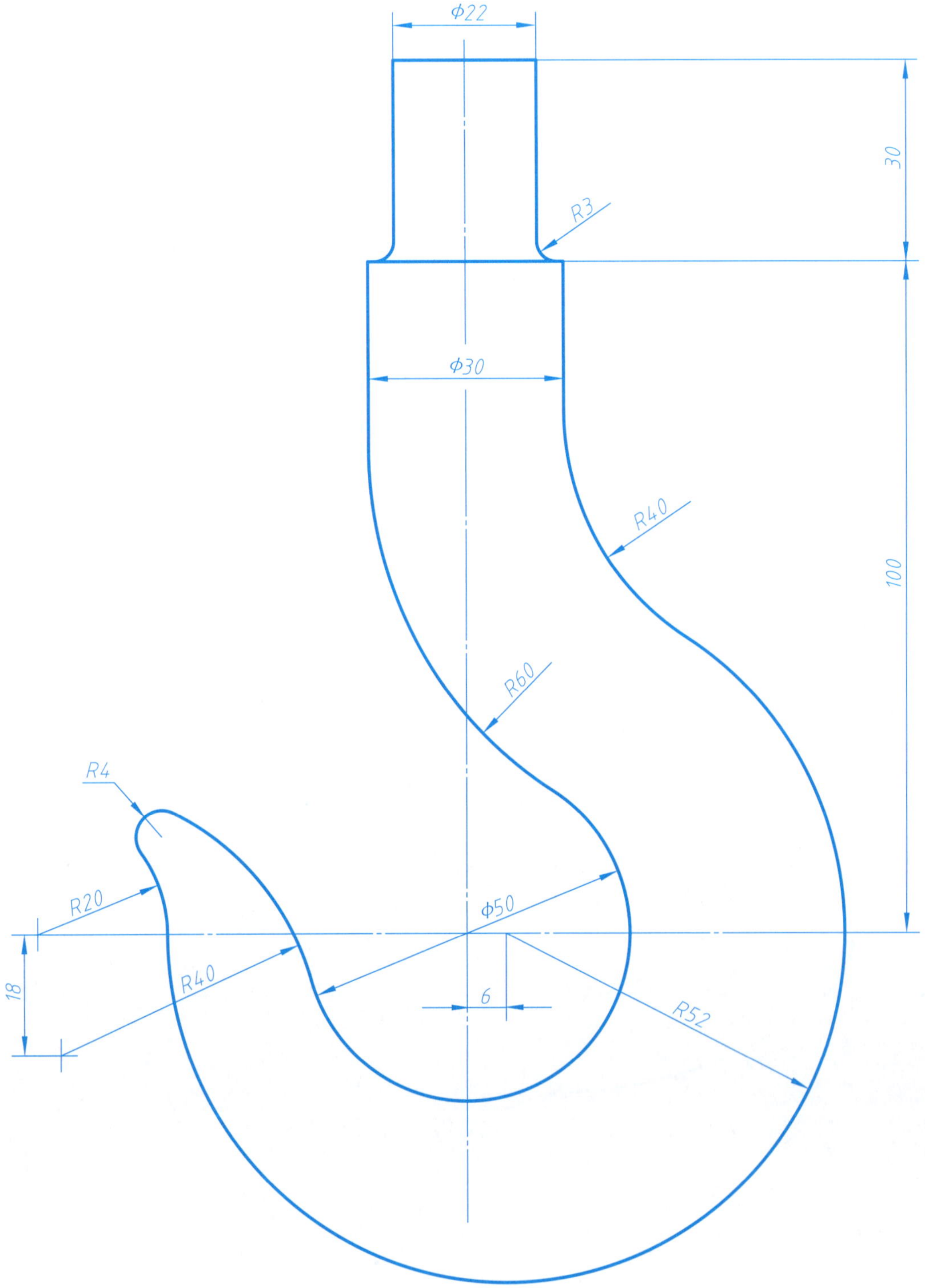

1-6 徒手抄画平面图形，并标注尺寸

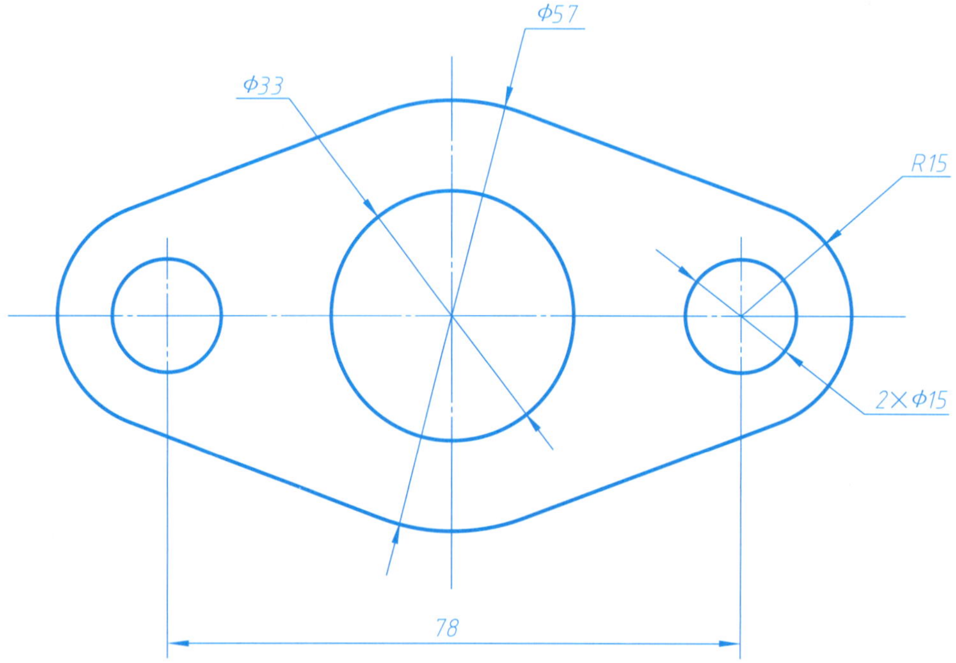

第2章　投影基础

2-1　根据立体图，绘制物体的三视图

班级　　　　姓名　　　　学号

2-1-1

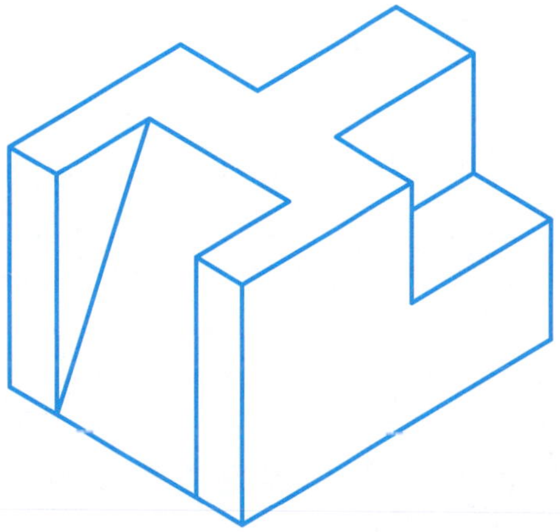

2-1-2

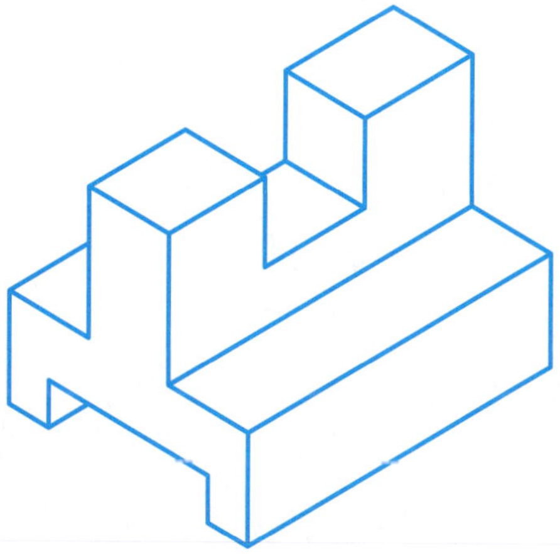

2-1-3

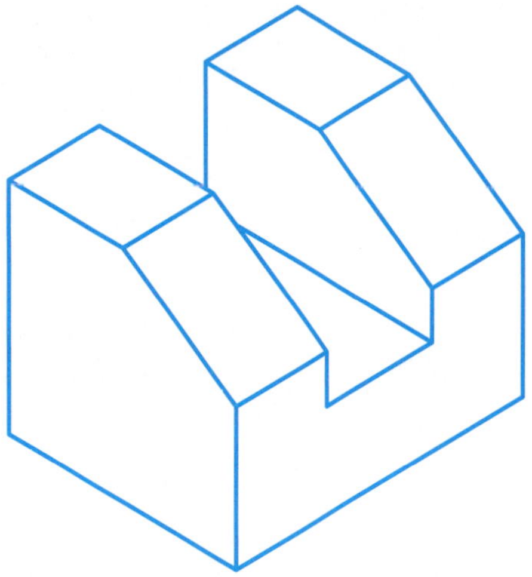

2-1-4

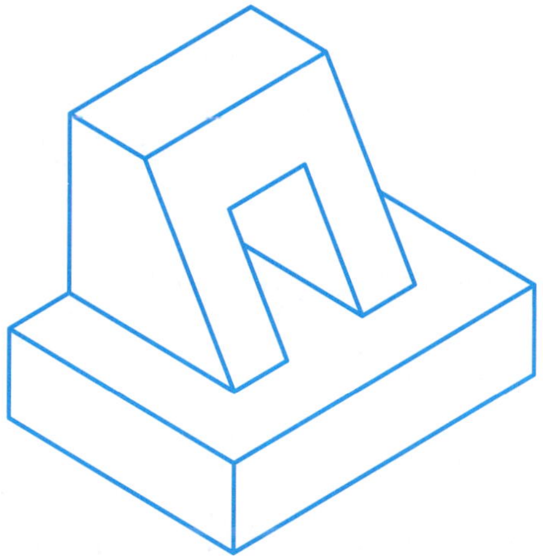

2-1 根据立体图，绘制物体的三视图

班级　　　　姓名　　　　学号

2-1-5

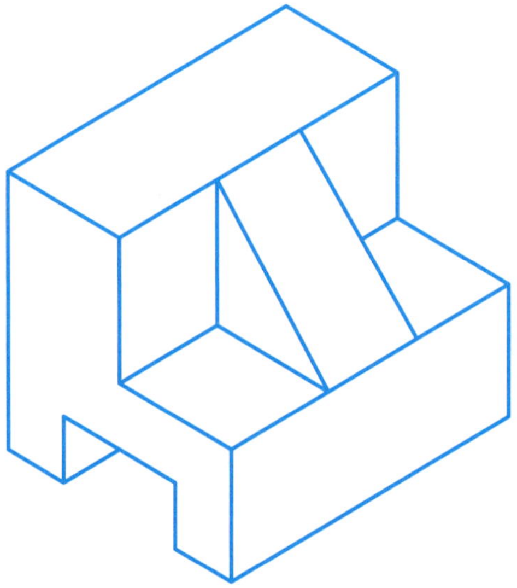

2-1-6

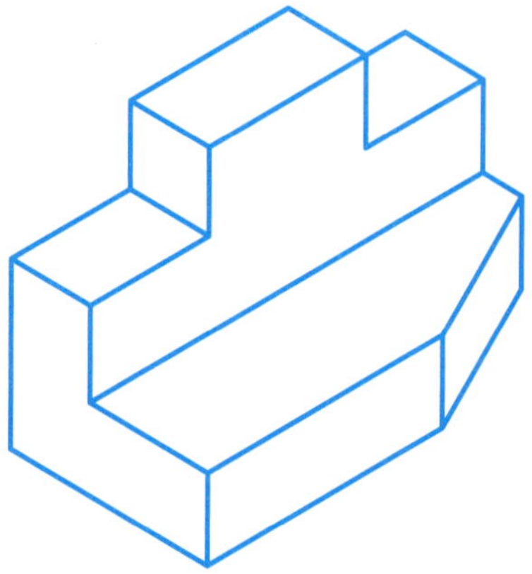

2-1-7

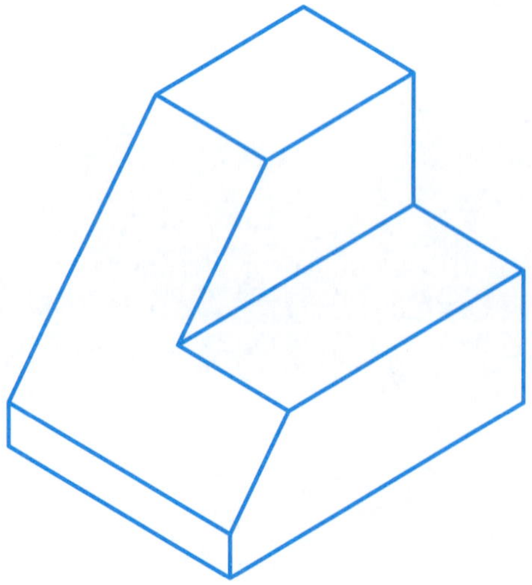

2-1-8

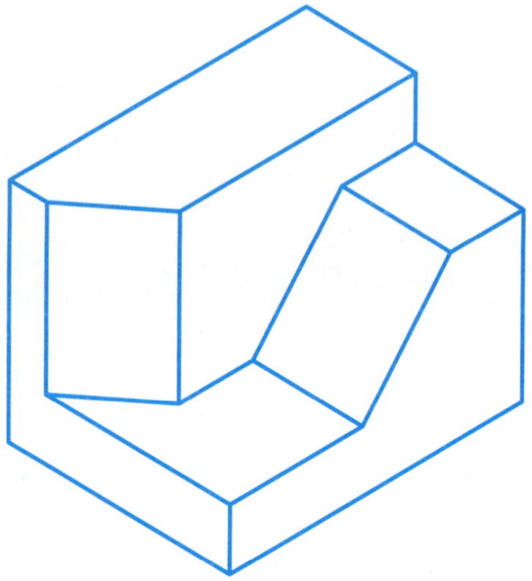

2-2 点的投影

班级　　姓名　　学号

2-2-1 已知点 A（30，35，25）的坐标，作出其三面投影图。

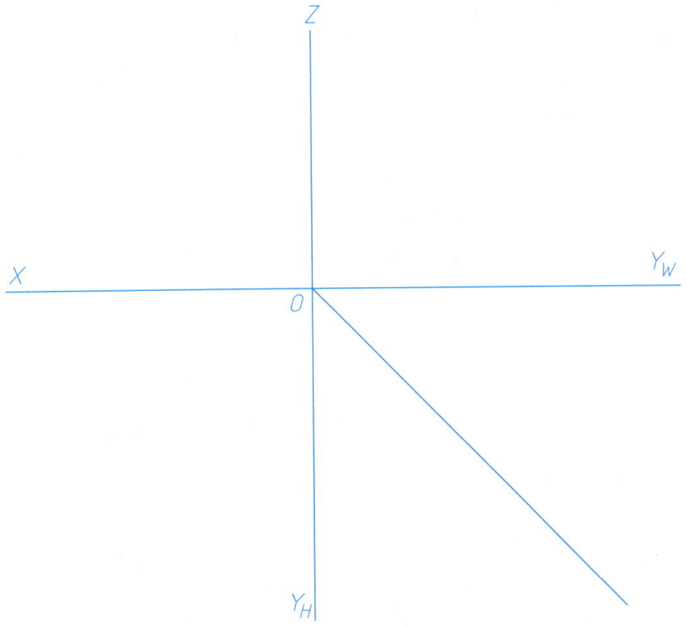

2-2-2 根据点的两面投影，作出其第三面投影图。

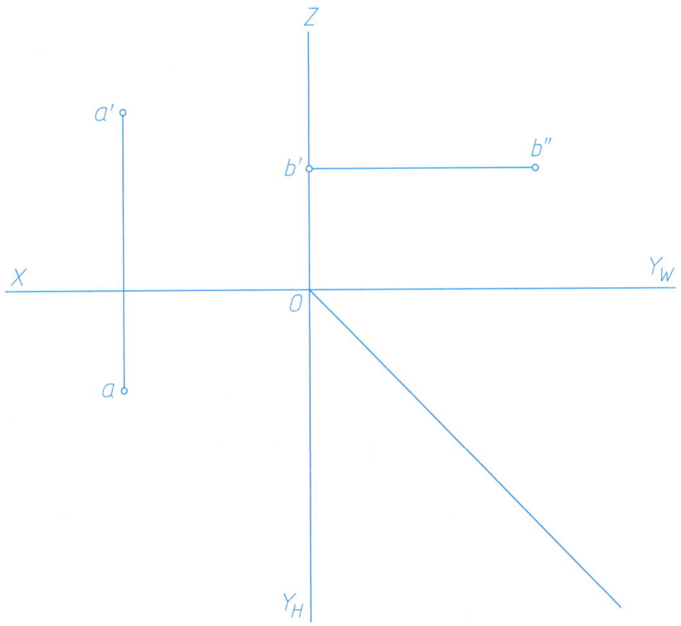

2-2-3 已知点 A 的 H 面投影和点 B 的 W 面投影，且点 A 距 H 面的距离为 20mm，点 B 距离 W 面的距离为 40mm，作出点 A、B 其余的两面投影。

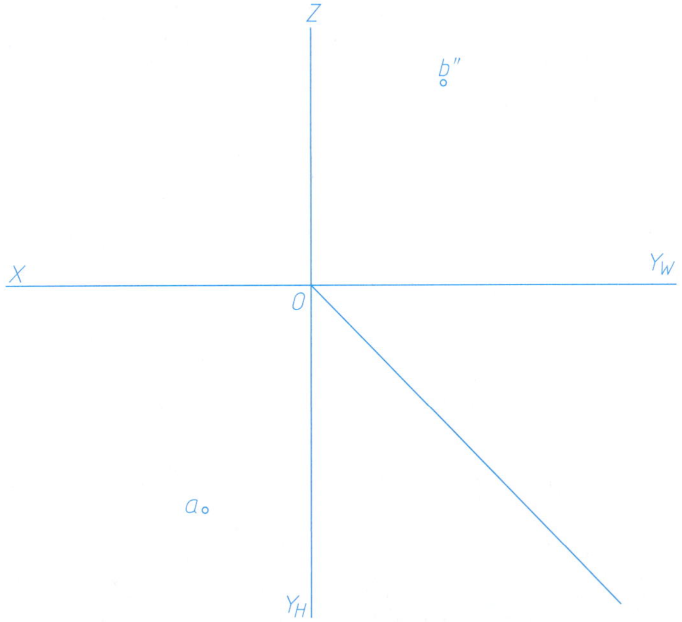

2-2-4 点 B 在点 A 之下 20mm，之右 8mm，之前 16mm，求作点 B 的三面投影。

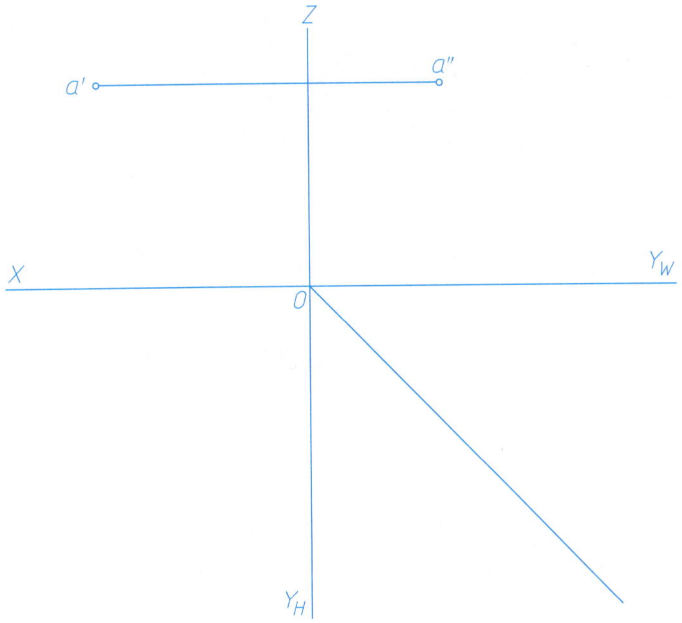

2-2-5 已知点 B 在点 A 的正右方 12mm，点 C 在点 B 的正前方 25mm，求作点 B、C 的三面投影，并判断可见性。

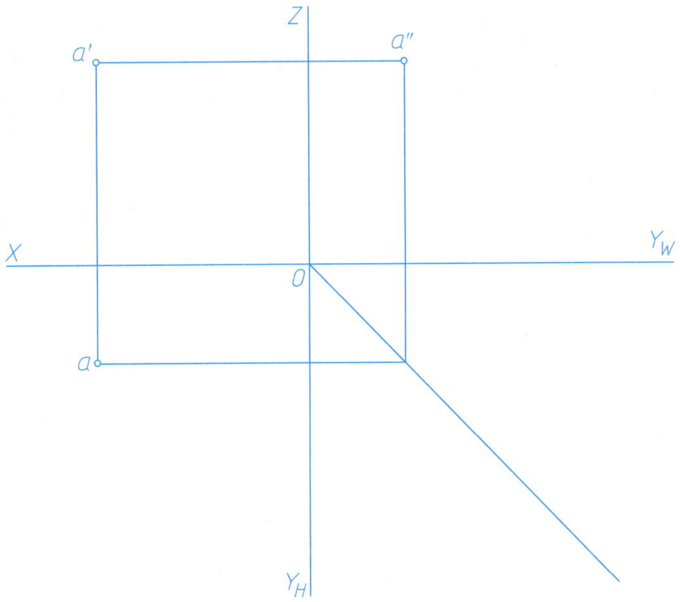

2-2-6 完成点 A、B、C 的三面投影。

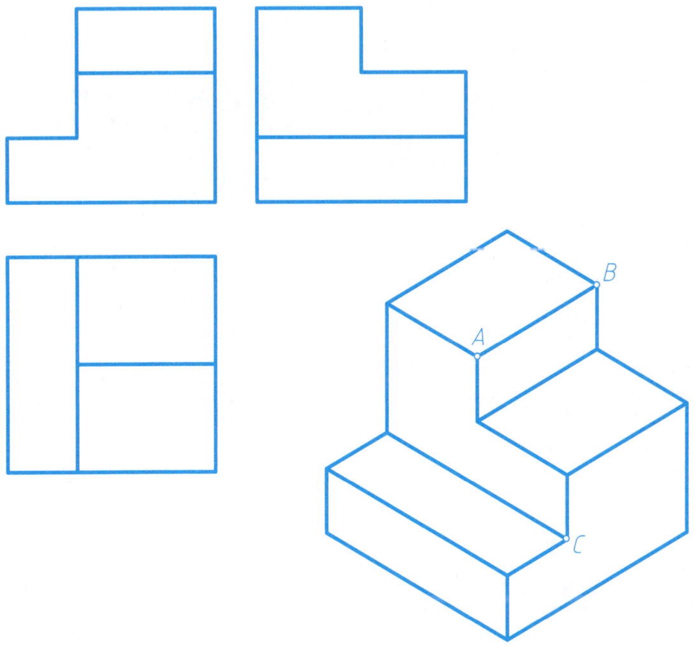

2-3-1 完成直线的第三面投影，并判断其相对投影面的位置。

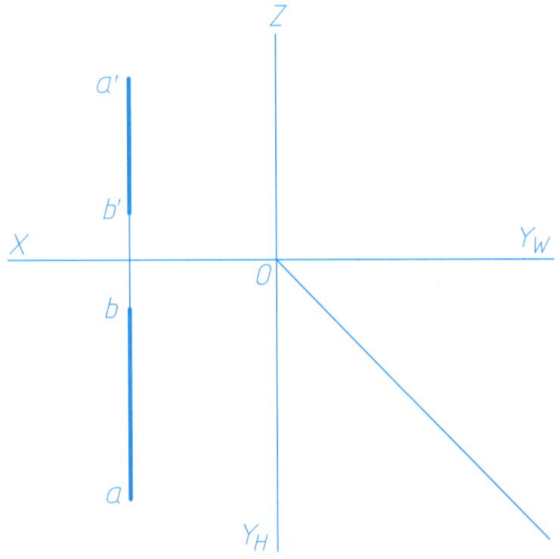

直线 AB 是________线

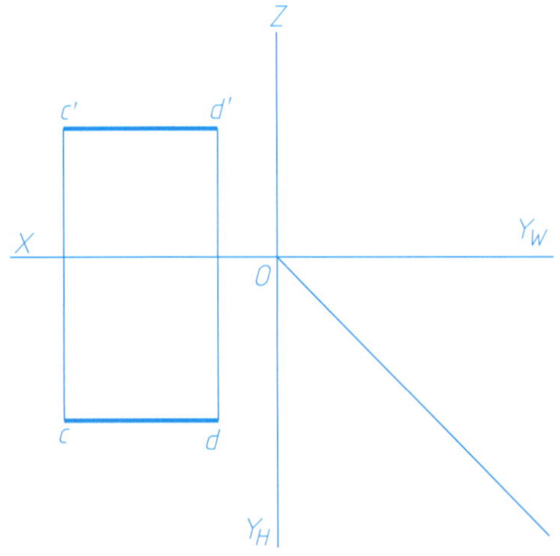

直线 CD 是________线

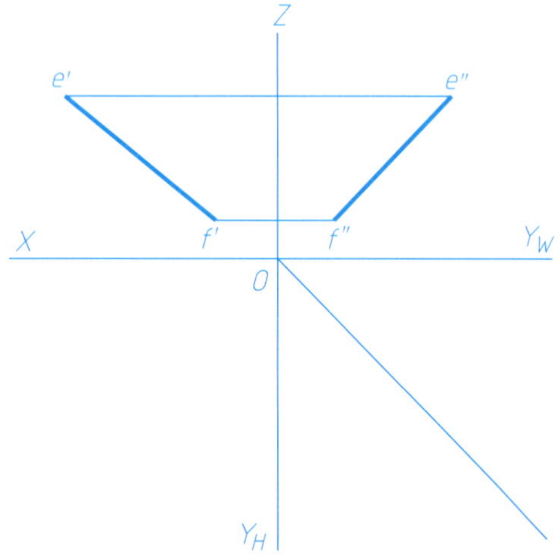

直线 EF 是________线

2-3-2 完成点 A、B、C、D 的三面投影，并判断各直线相对投影面的位置。

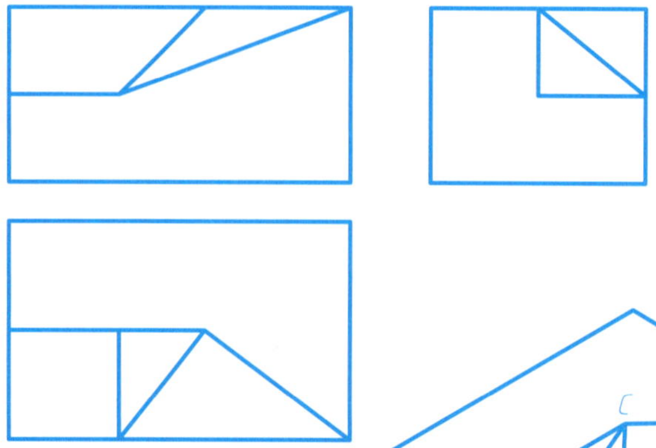

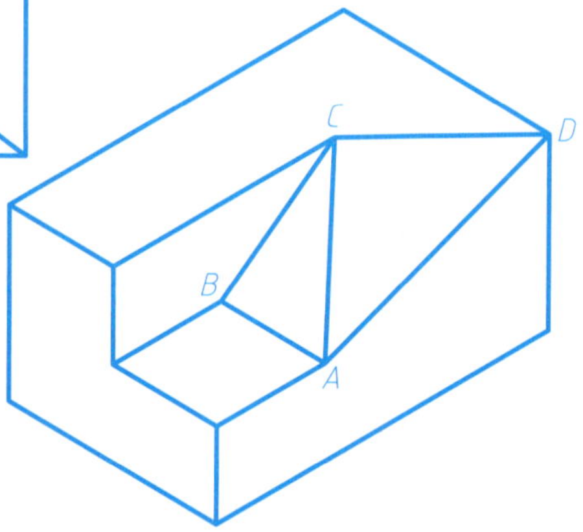

AB 是________线
BC 是________线
CD 是________线
AC 是________线

2-3-3 判断图中两条直线的相对位置。

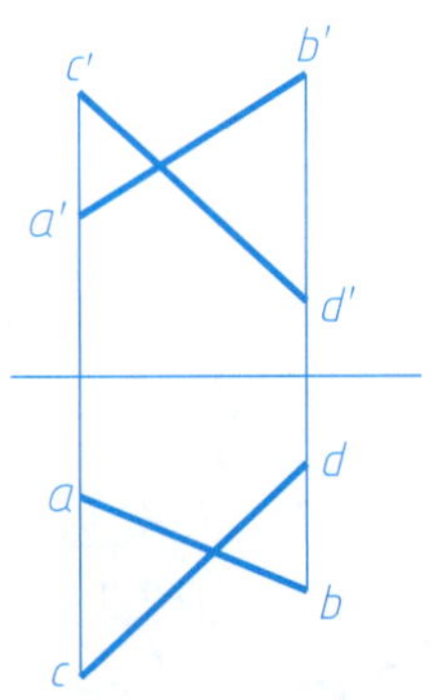

____

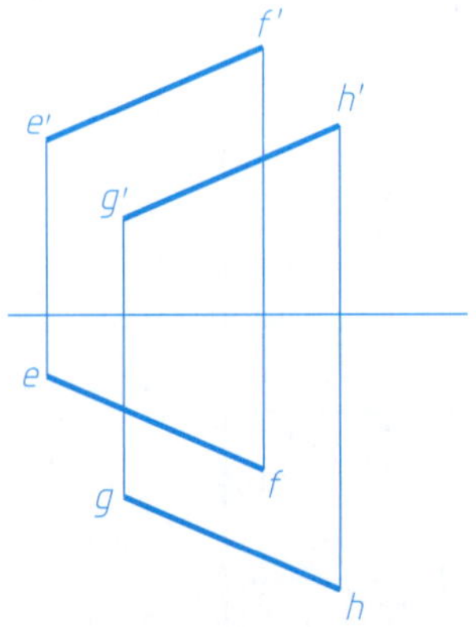

____

2-3-4 作直线 AB 与 CD 相交，且与 EF 平行。

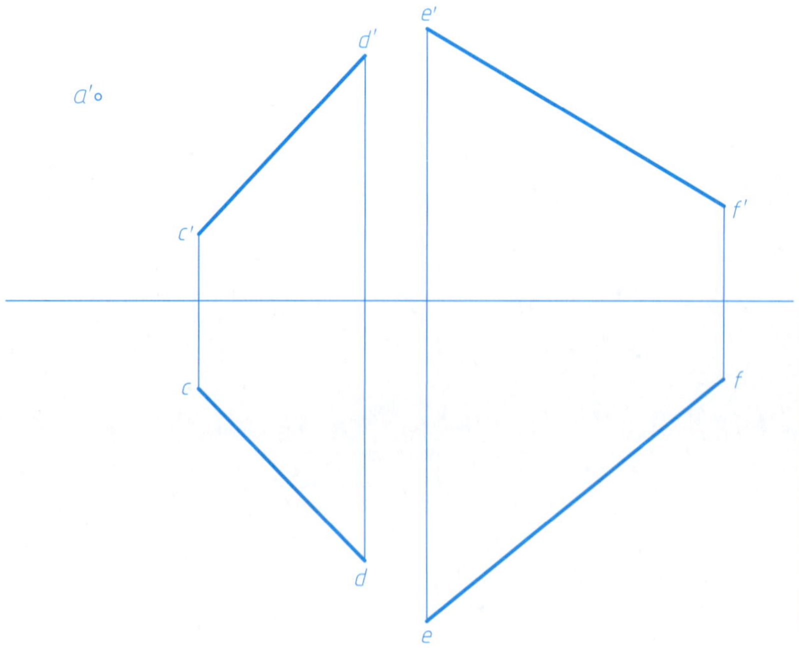

2-3-5 过点 A 作一条正平线 AB 与直线 CD 相交。

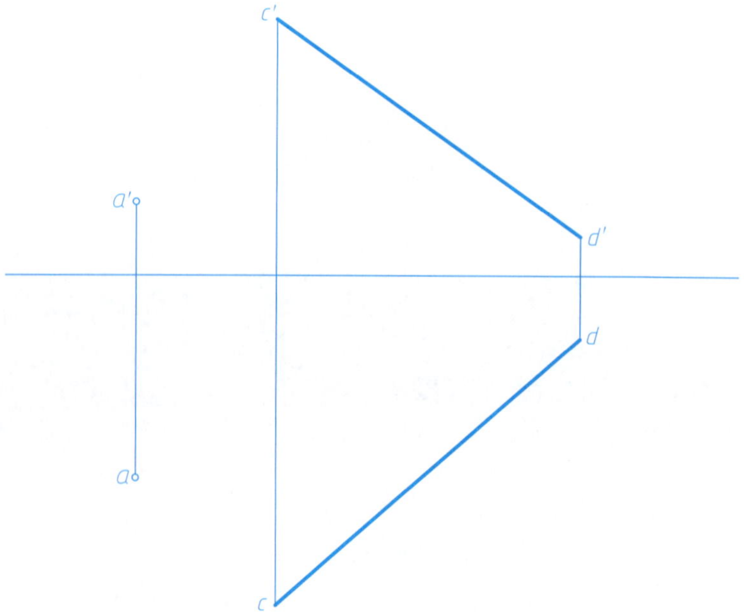

2-4　平面的投影　　　　班级　　　　姓名　　　　学号

2-4-1　完成平面的第三面投影，并判断其相对投影面的位置。

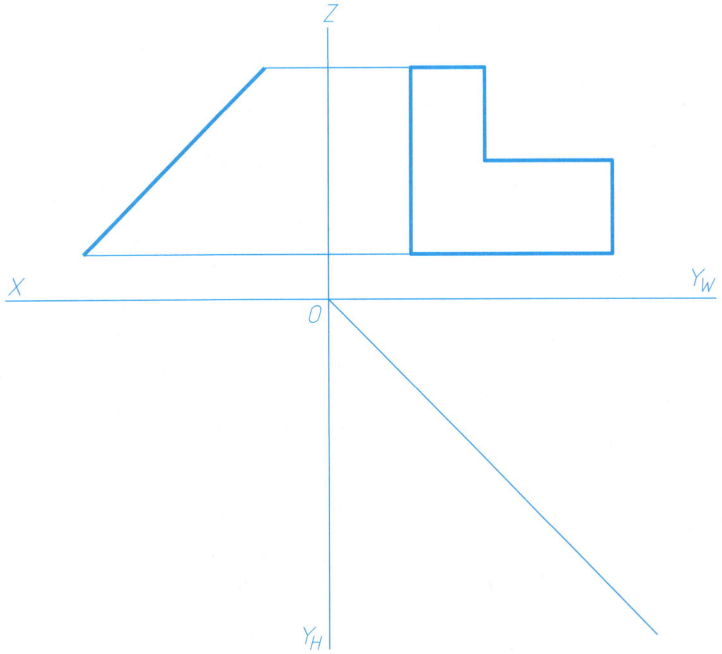

平面是＿＿＿＿＿面

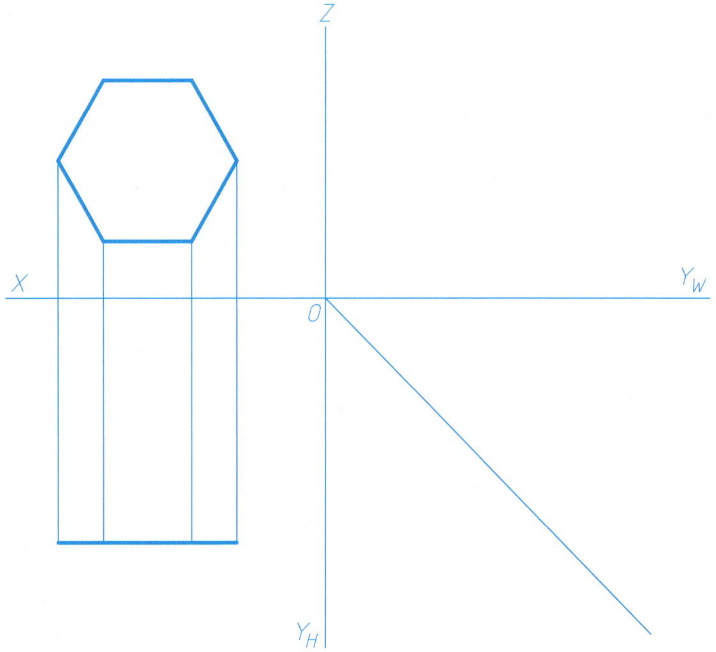

平面是＿＿＿＿＿面

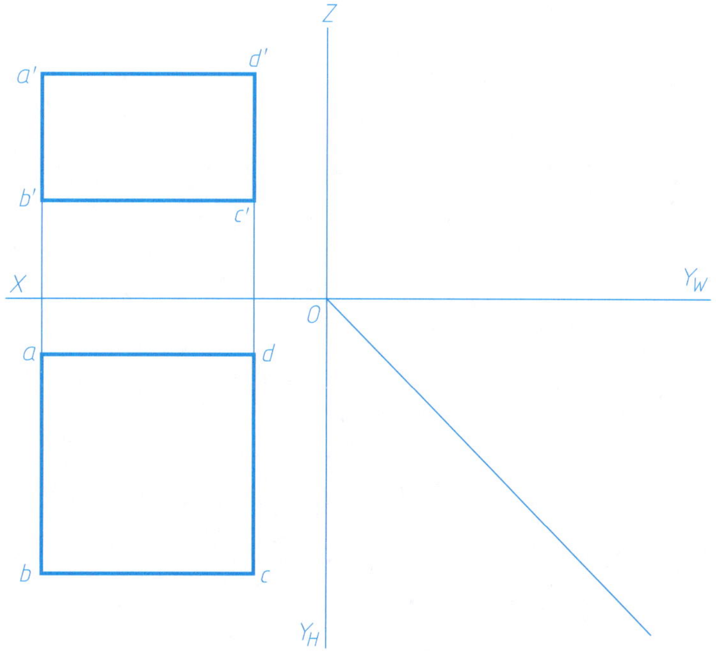

平面是＿＿＿＿＿面

2-4-2　根据平面 *P* 的标注，在立体图上和三视图上标出平面 *A*、*B*、*C*，并判断各平面相对投影面的位置。

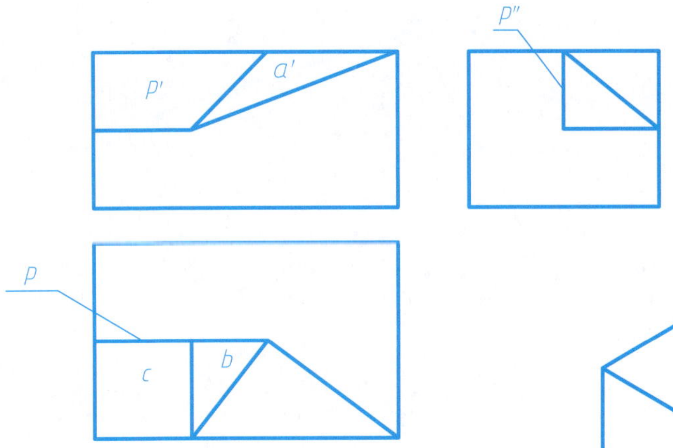

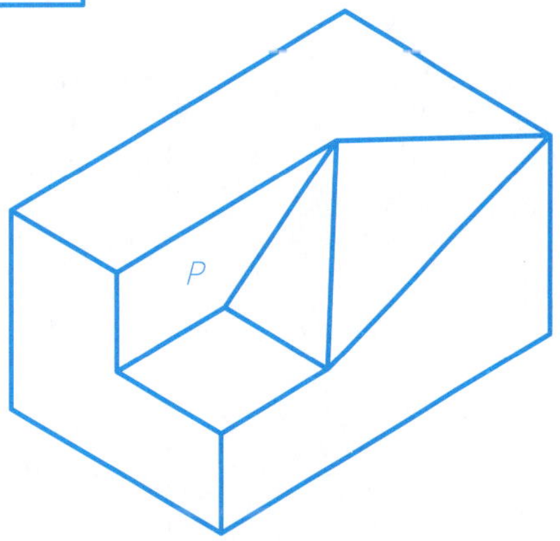

P 面是＿＿＿＿＿面
A 面是＿＿＿＿＿面
B 面是＿＿＿＿＿面
C 面是＿＿＿＿＿面

2-4-3　通过作图判断点 *M* 和直线 *CD* 是否在平面 *ABC* 上。

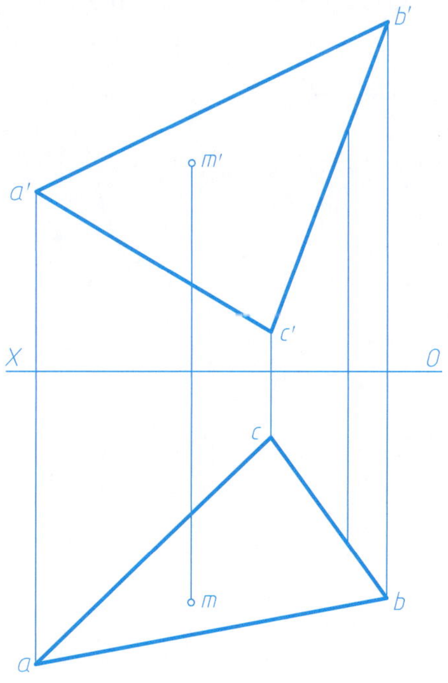

点 *M* ＿＿＿＿＿平面上

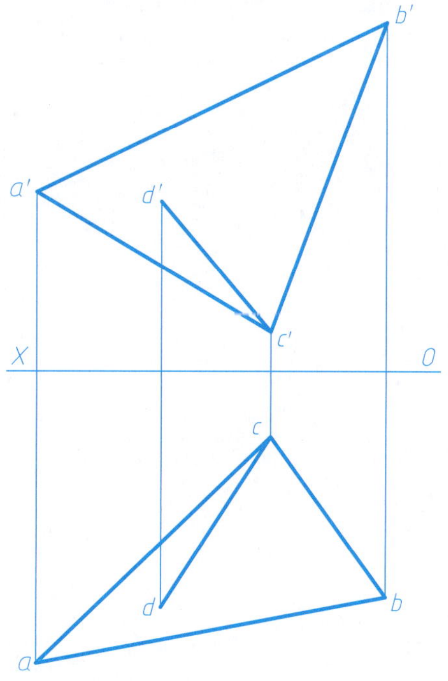

直线 *CD* ＿＿＿＿＿平面上

2-4 平面的投影

班级　　　　姓名　　　　学号

2-4-4 点 *D* 在平面 *ABC* 上，作出点 *D* 的水平面投影。

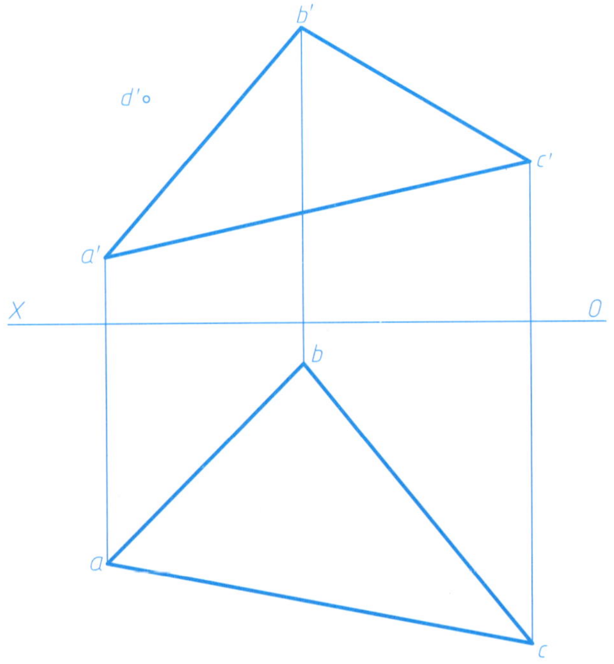

2-4-5 已知直线 *AD* 是平面 *ABC* 上的一条正平线，补全平面 *ABC* 和直线 *AD* 的投影。

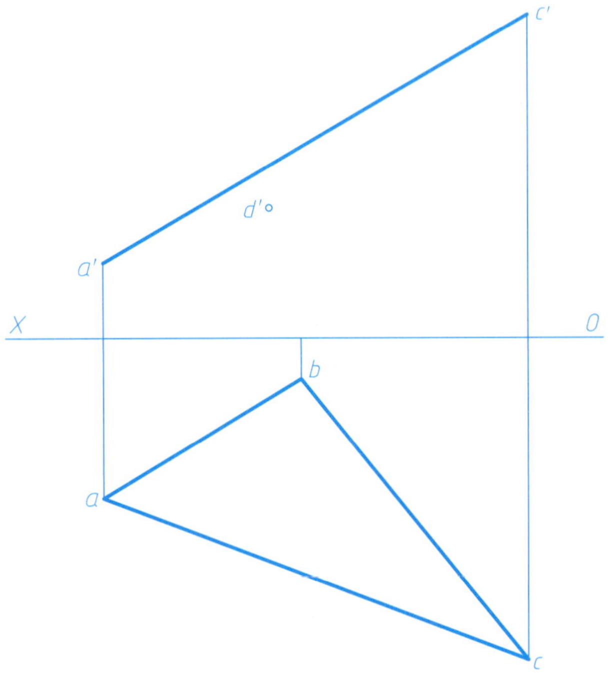

2-4-6 已知点 *D* 在平面 *ABC* 上，且点 *D* 距离 *H* 面的距离为 20mm、距离 *V* 面的距离为 25mm，作出点 *D* 的两面投影。

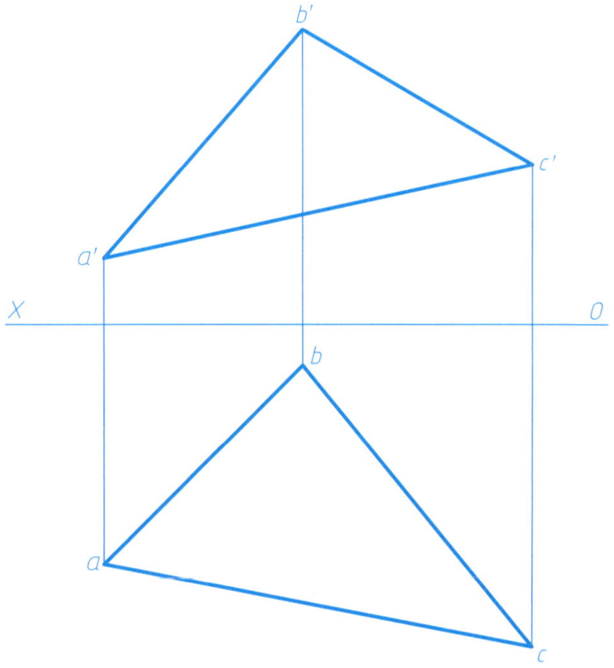

2-4-7 在平面 *ABC* 上作一条正平线 *EF*，且直线 *EF* 到 *V* 面的距离为 20mm。

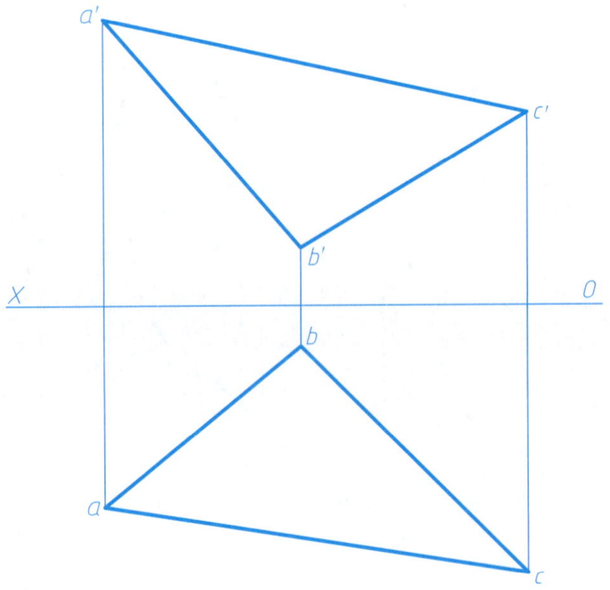

2-4-8 已知直线 *AD* 为水平线，完成平面 *ABCD* 的两面投影。

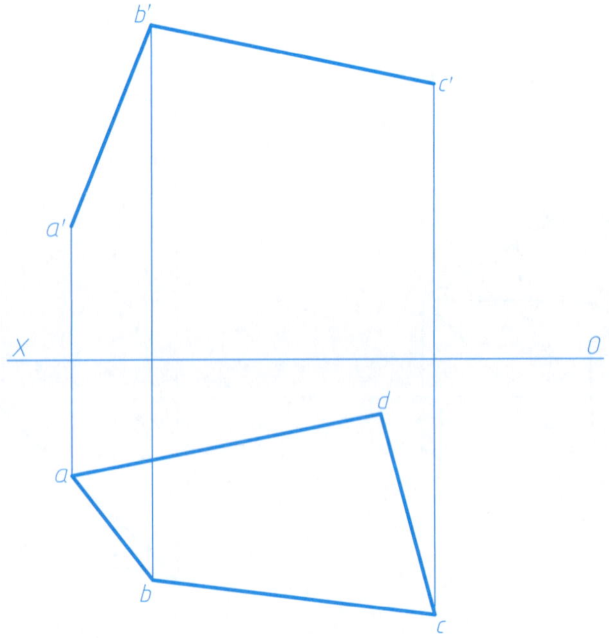

2-4-9 完成平面 *ABCDE* 的水平面投影。

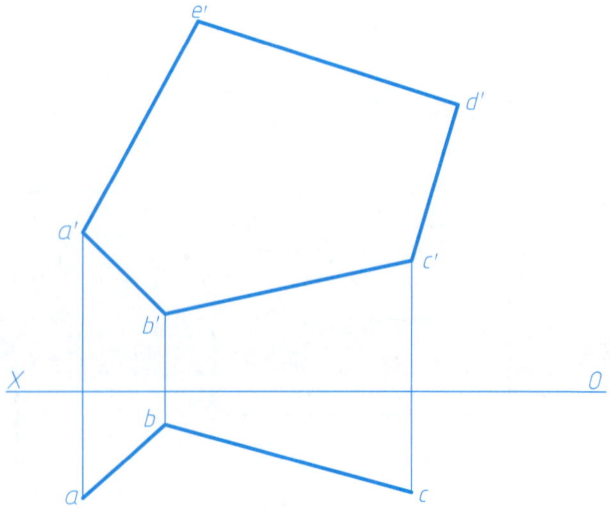

第 3 章　基本体及其表面交线

3-1　补画基本体的第三视图，并作出其表面上各点的其余两面投影

班级　　　　　姓名　　　　　学号

3-1-1

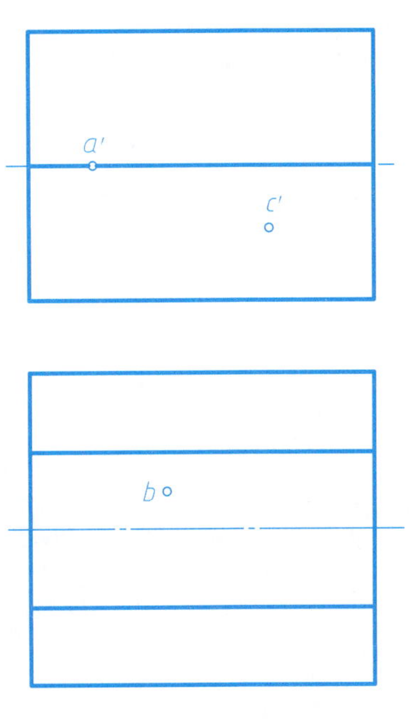

3-1-2

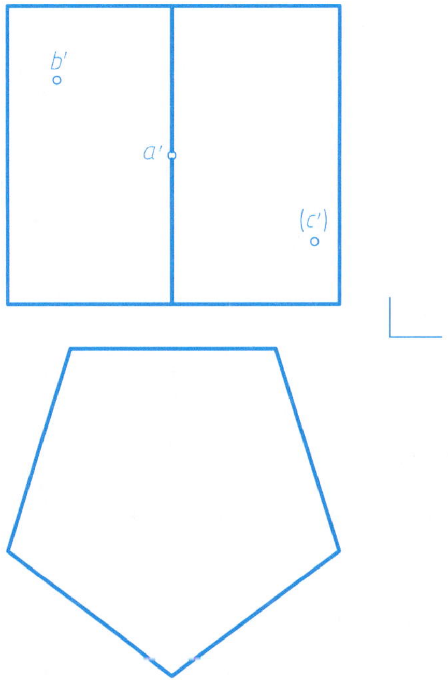

3-1-3

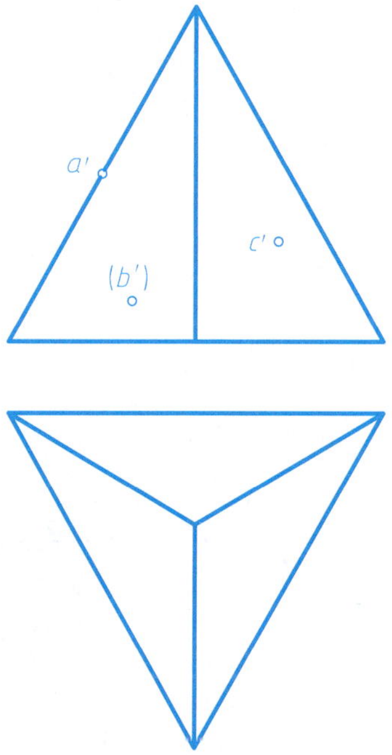

3-1-4

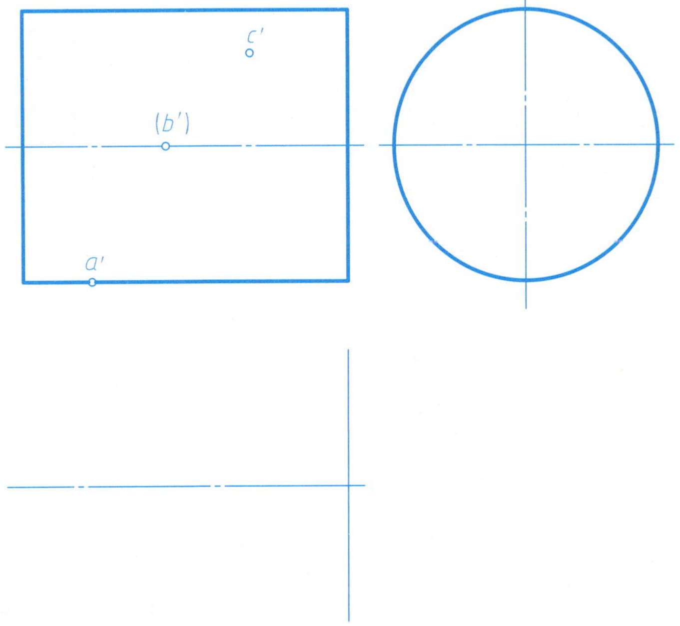

3-1-5

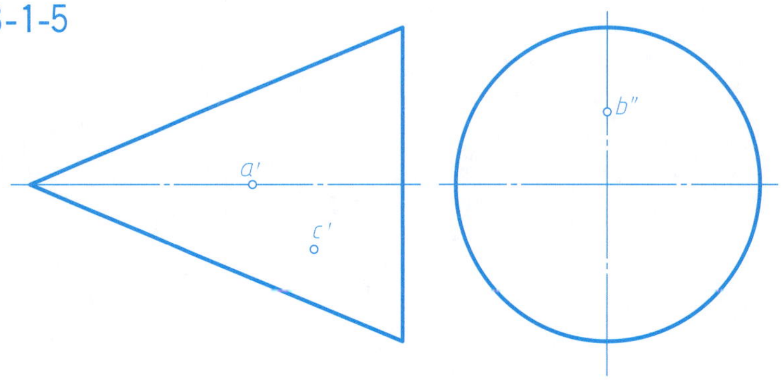

3-1-6

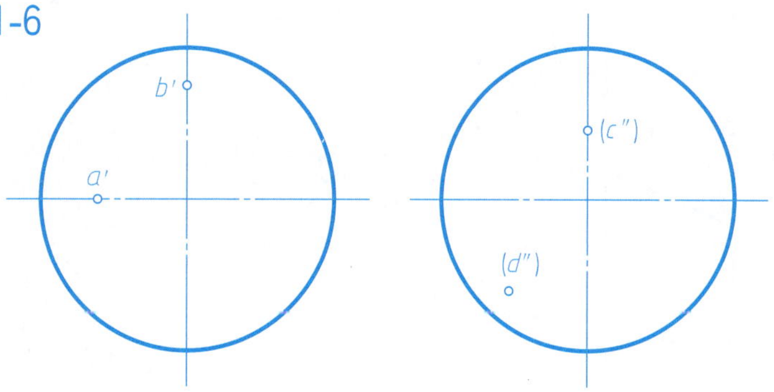

3-2 补画立体被截切后的投影

班级　　　　姓名　　　　学号

3-2-1

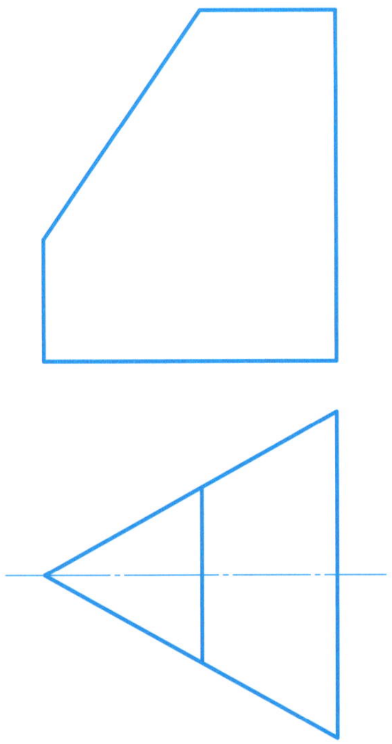

3-2-2

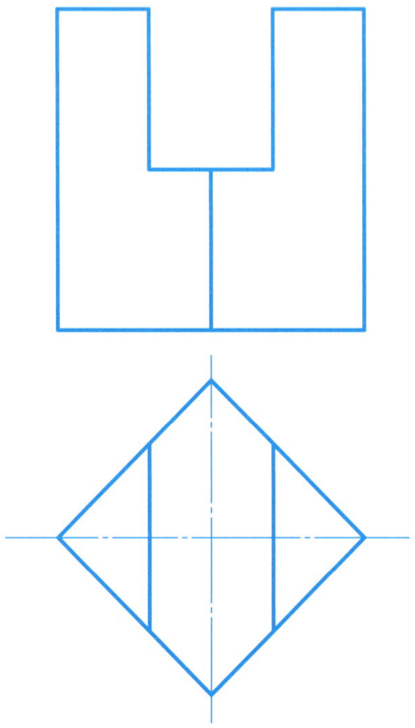

3-2-3

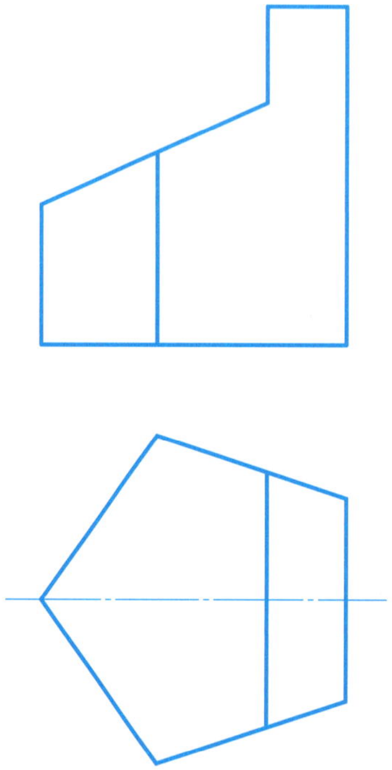

3-2-4

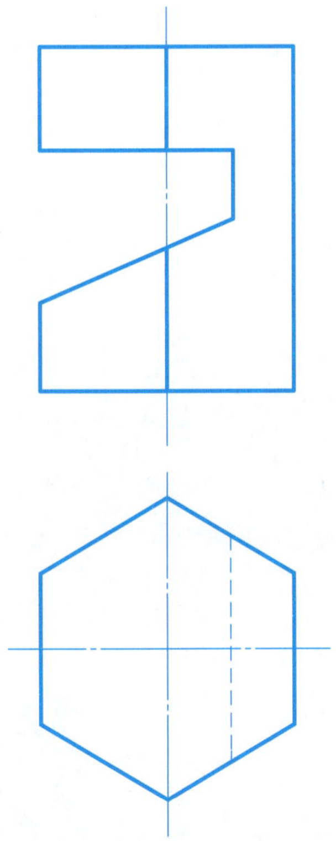

3-2-5

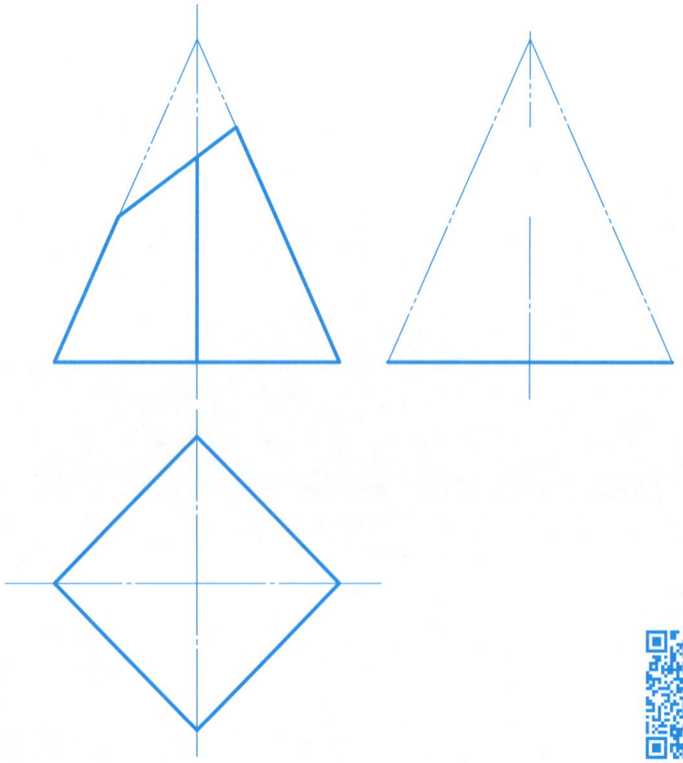

3-2-6

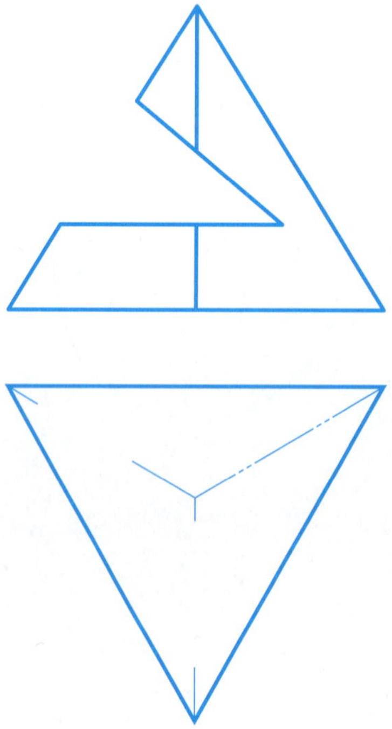

3-2 补画立体被截切后的投影

班级　　姓名　　学号

3-2-7

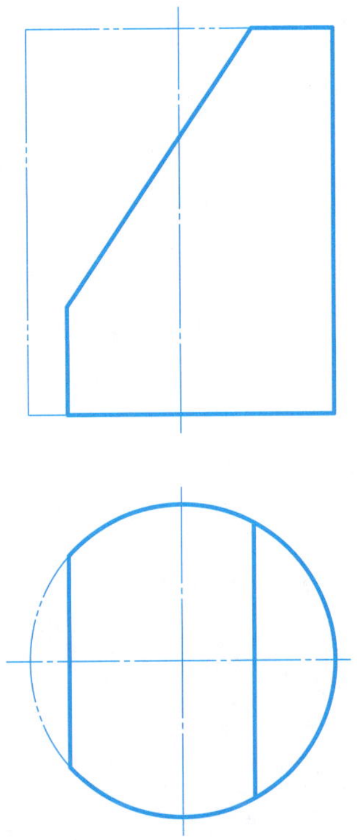

3-2-8

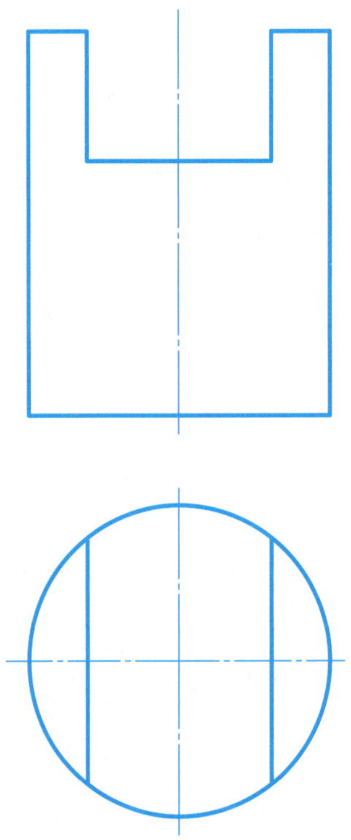

3-2-9

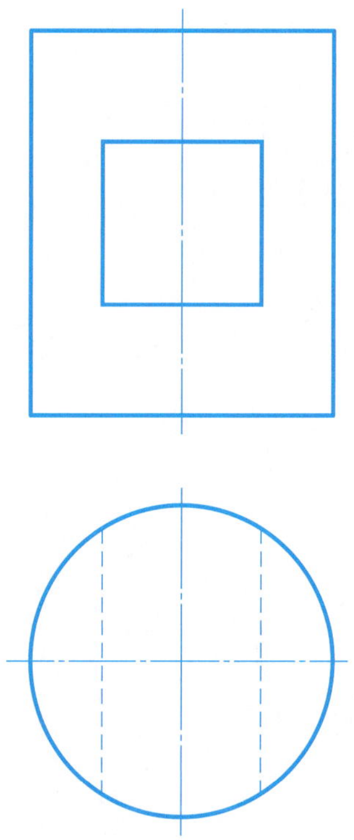

3-2-10

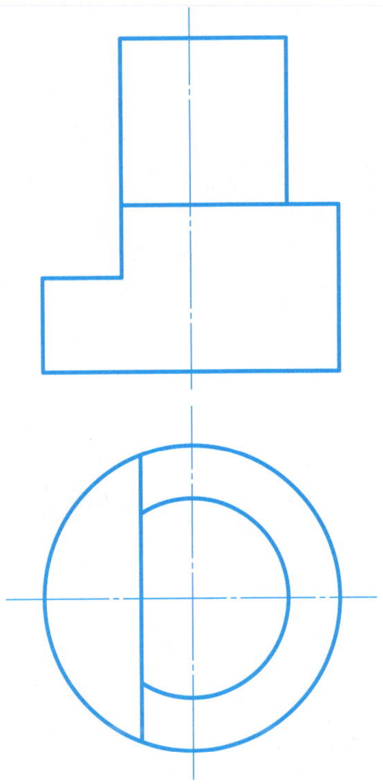

3-2-11

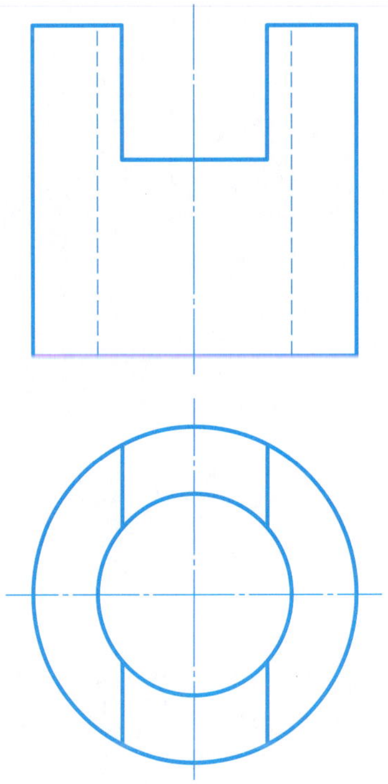

3-2-12

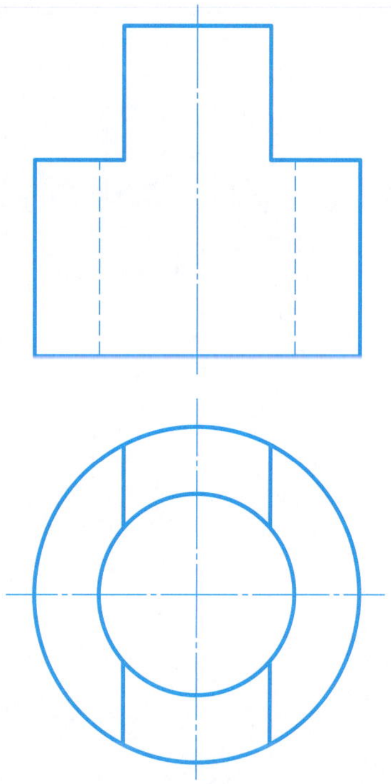

3-2 补画立体被截切后的投影 班级 姓名 学号

3-2-13

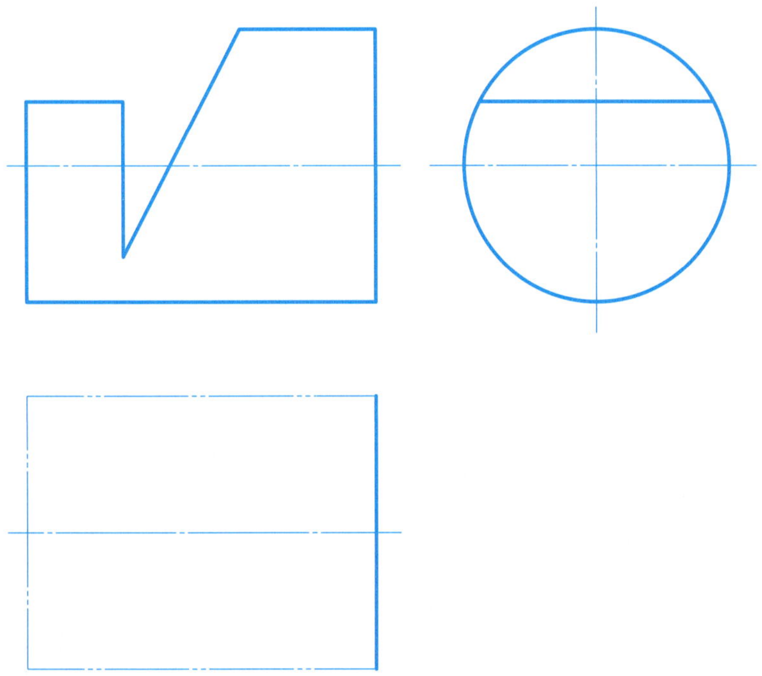

3-2-14

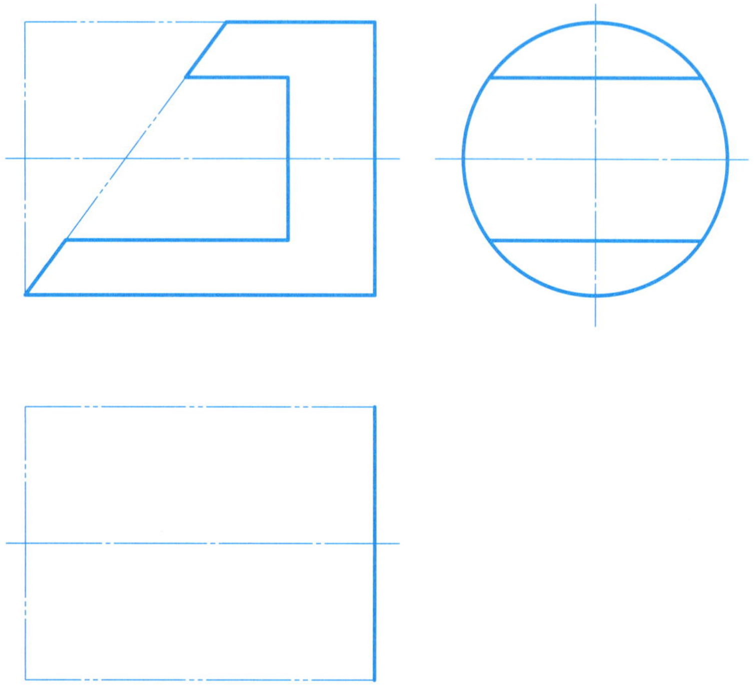

3-2-15

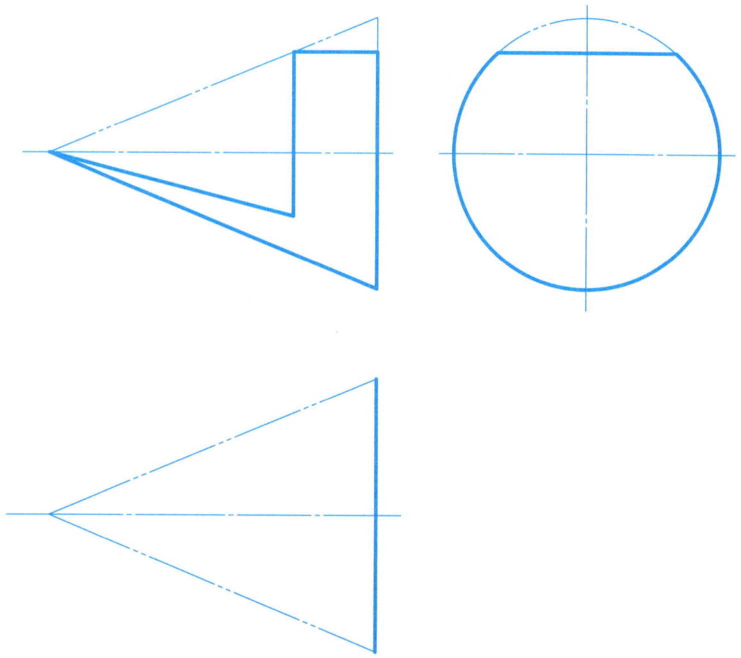

3-2-16

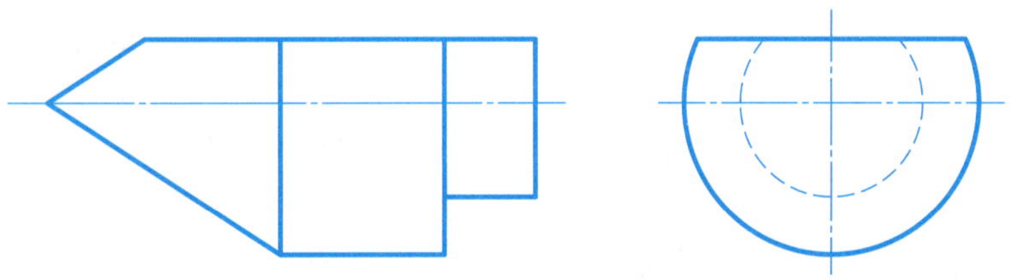

3-2-17

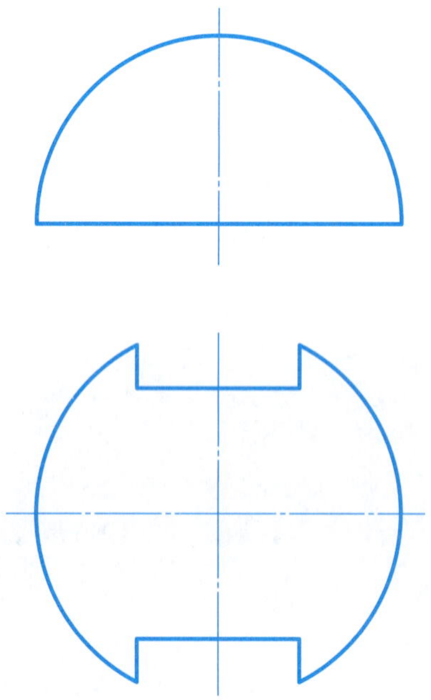

3-2-18

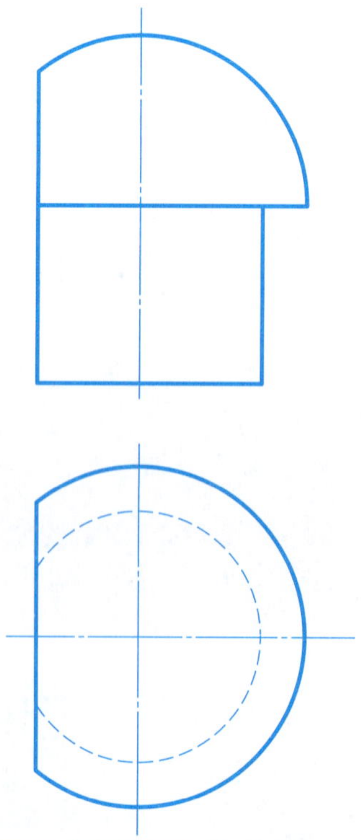

3-3 补画相贯体的投影

班级　　　　姓名　　　　学号

3-3-1

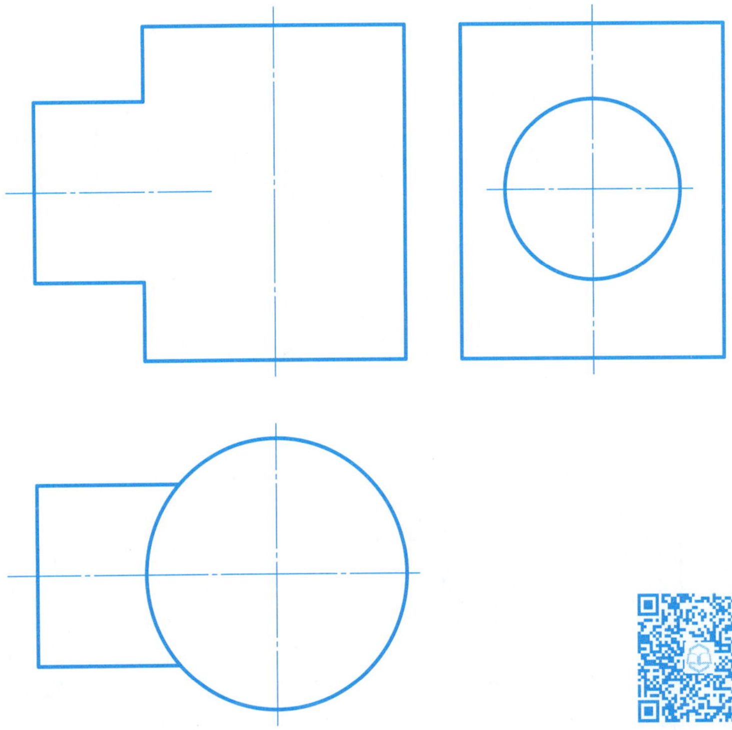

3-3-2

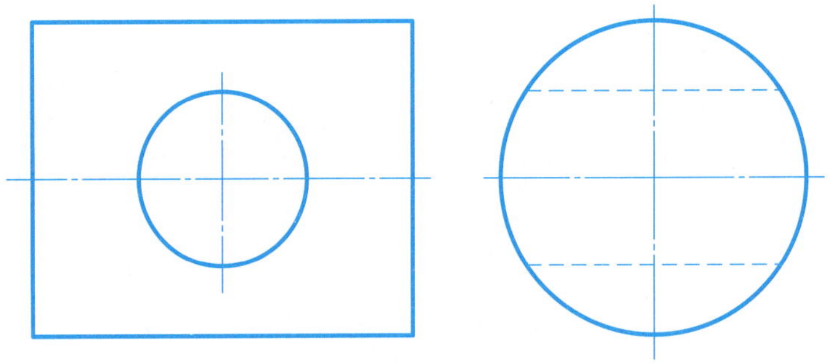

3-3-3

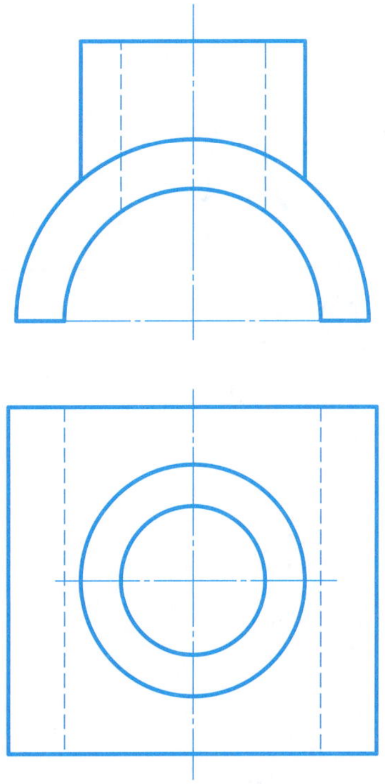

3-3-4

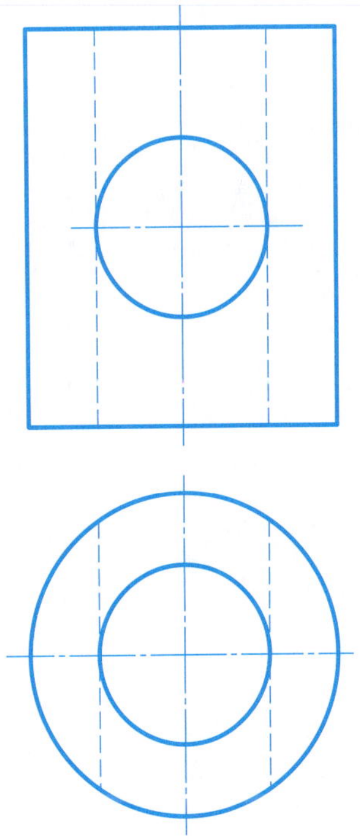

3-3-5

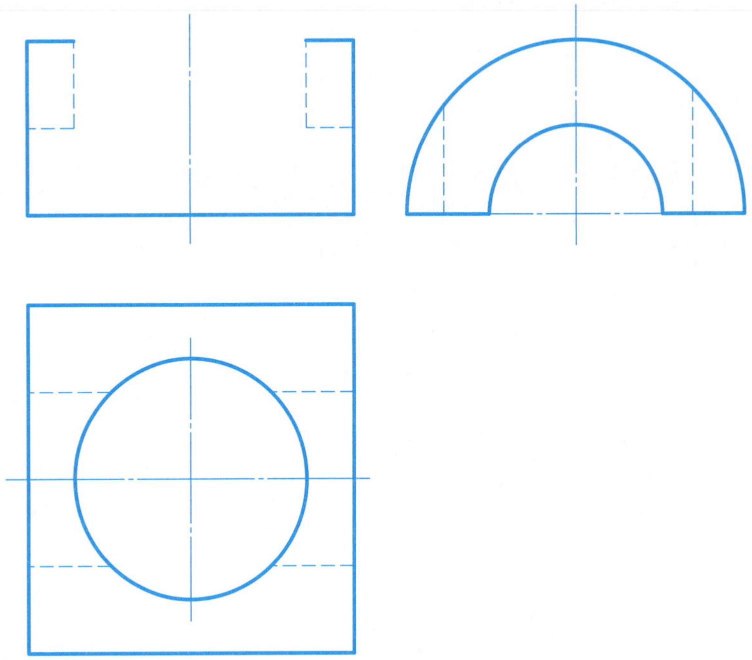

3-3-6

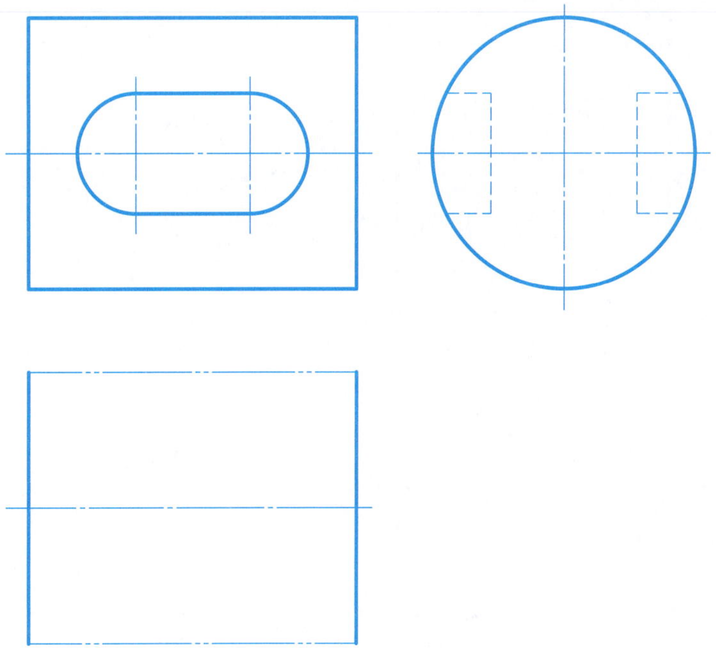

3-3 补画相贯体的投影

班级　　　　姓名　　　　学号

3-3-7

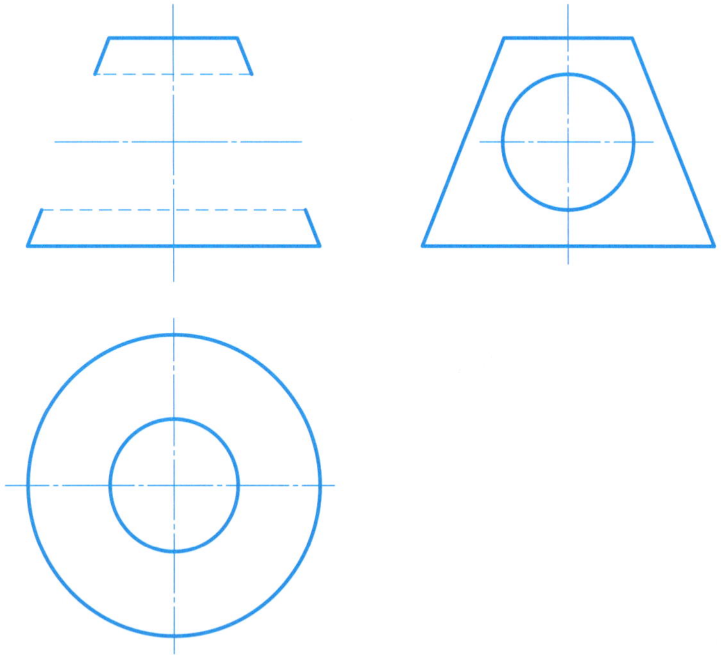

3-3-8

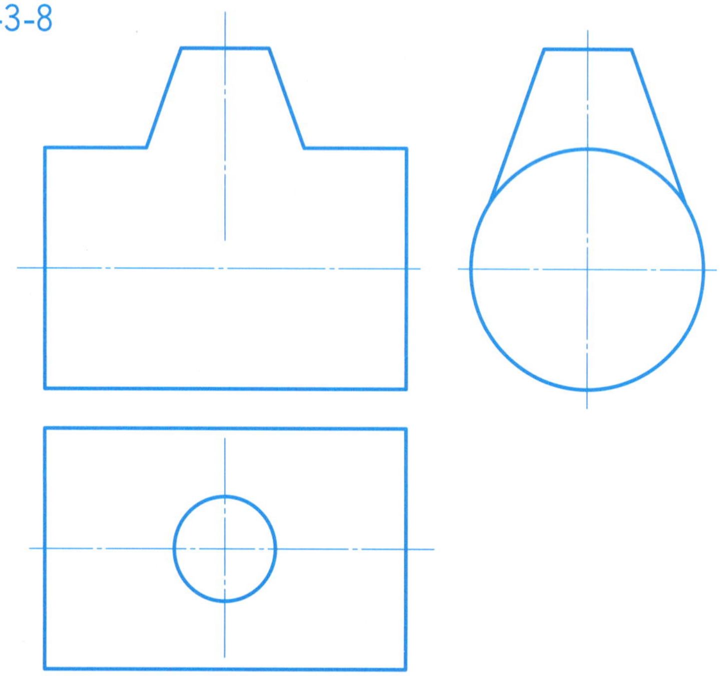

3-3-9

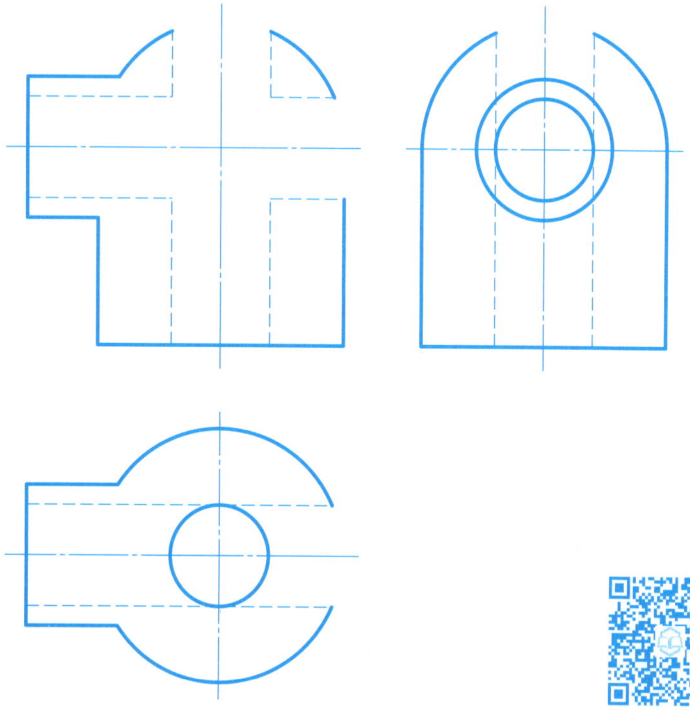

3-3-10

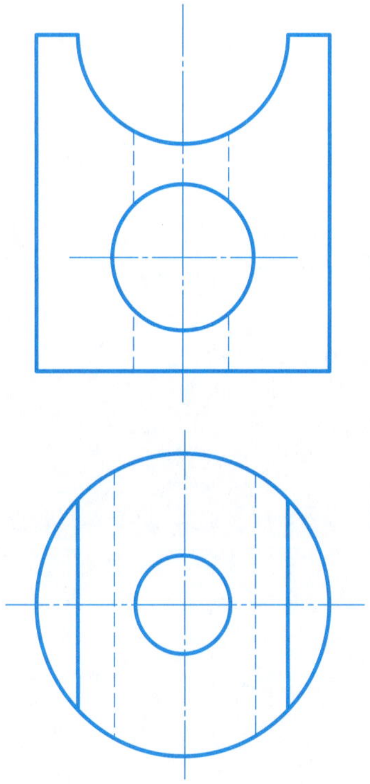

3-3-11

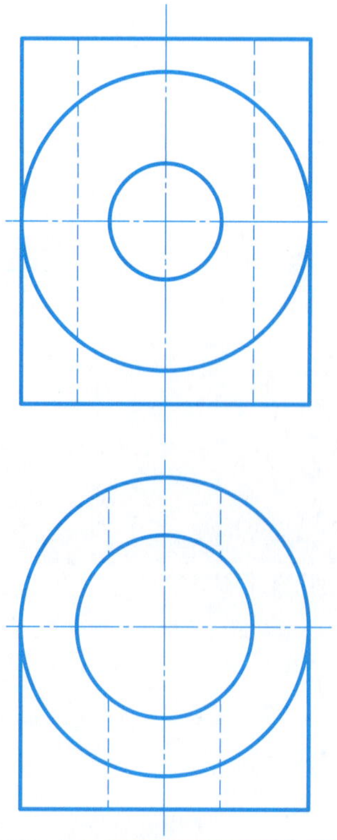

3-3-12

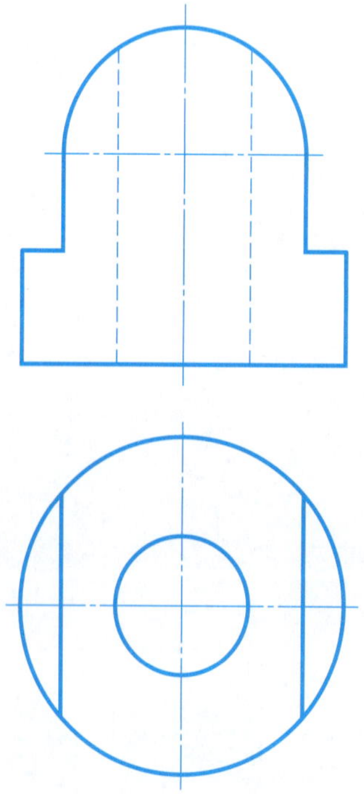

第4章 轴 测 图

4-1 根据已有视图，绘制物体的正等轴测图（尺寸按1：1比例从视图中量取） 班级 姓名 学号

4-1-1

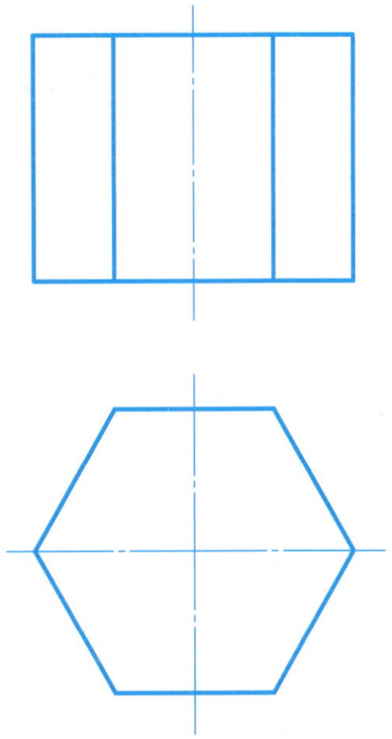

4-1-2

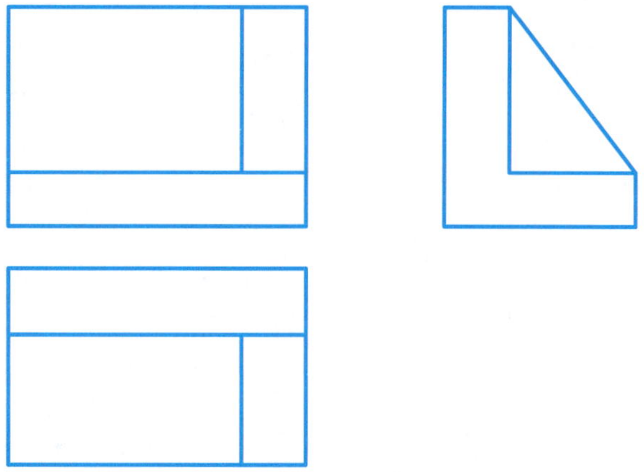

4-1-3

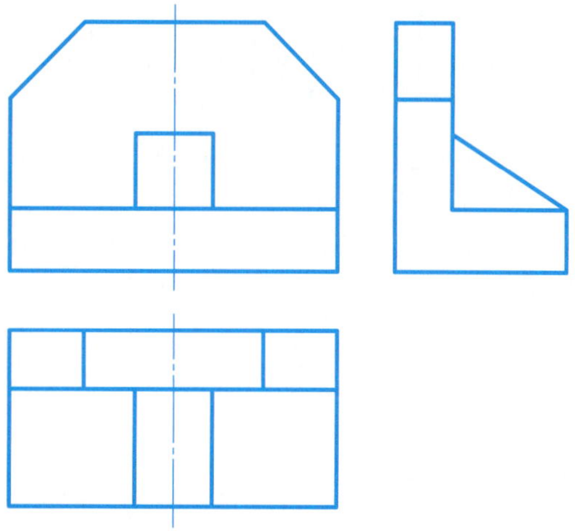

4-1-4

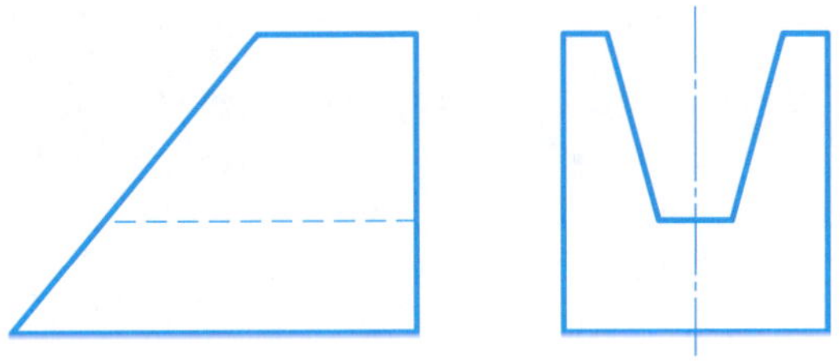

4-1-5

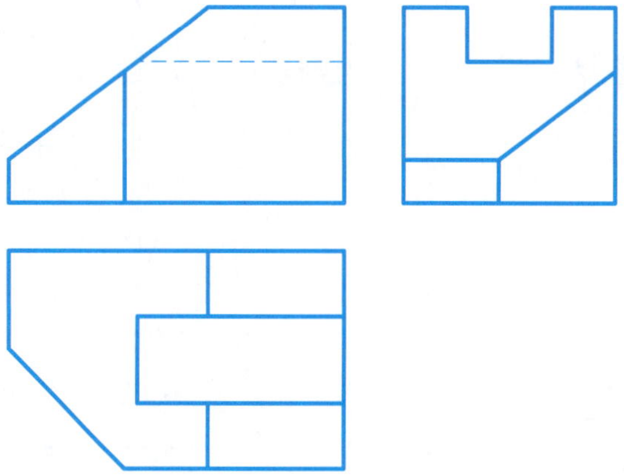

4-1-6

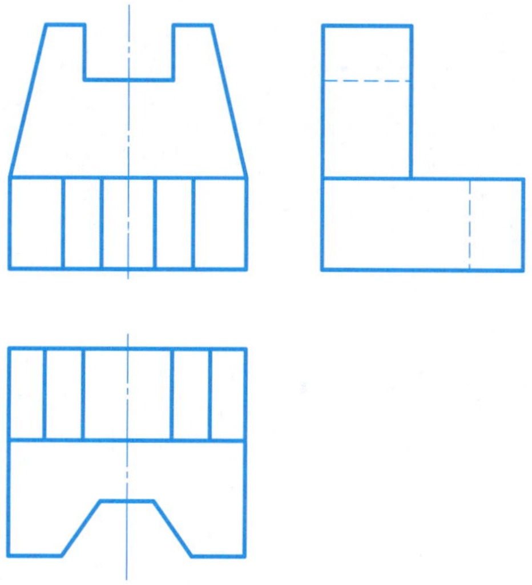

4-1 根据已有视图，绘制物体的正等轴测图（尺寸按 1∶1 比例从视图中量取） 班级 姓名 学号

4-1-7

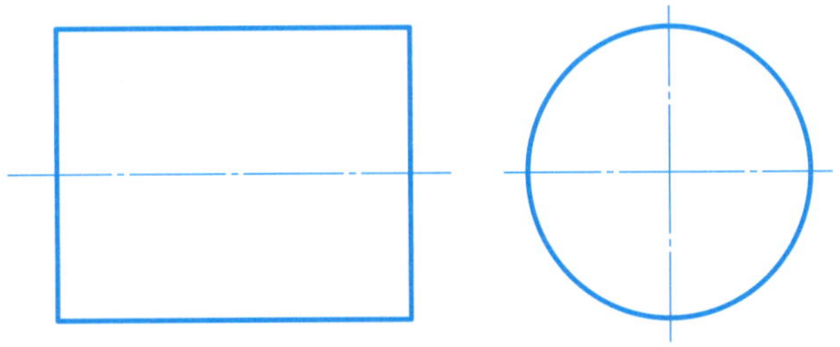

4-1-8

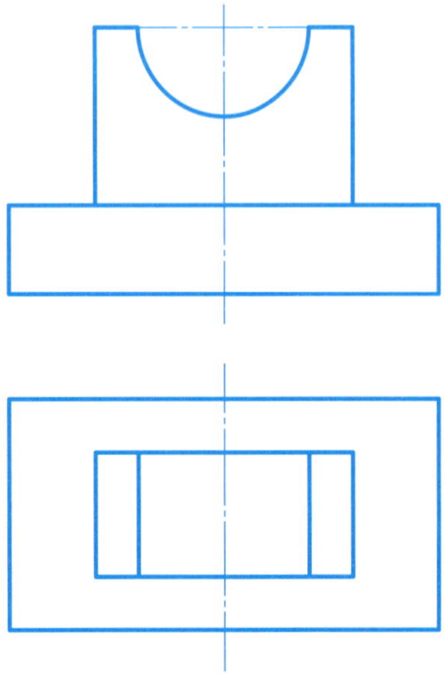

4-1-9

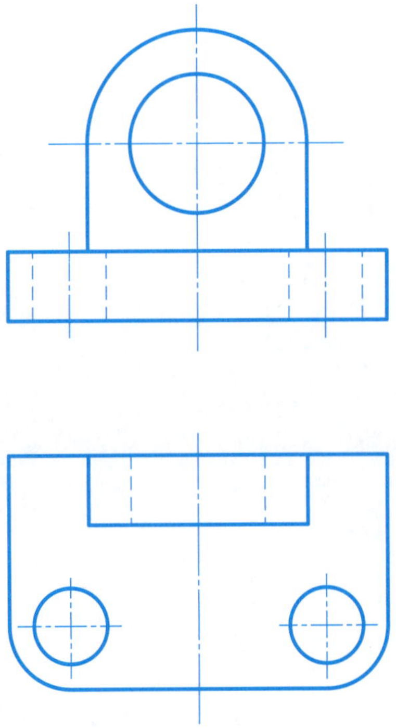

4-1-10

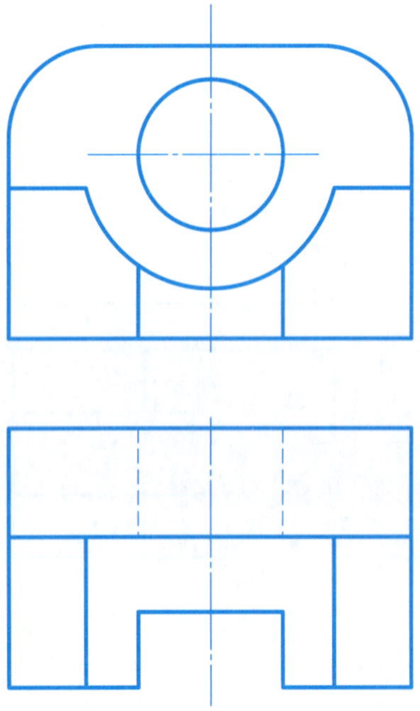

4-2 根据已有视图，绘制物体的斜二等轴测图（尺寸按 1：1 比例从视图中量取） 班级 姓名 学号

4-2-1

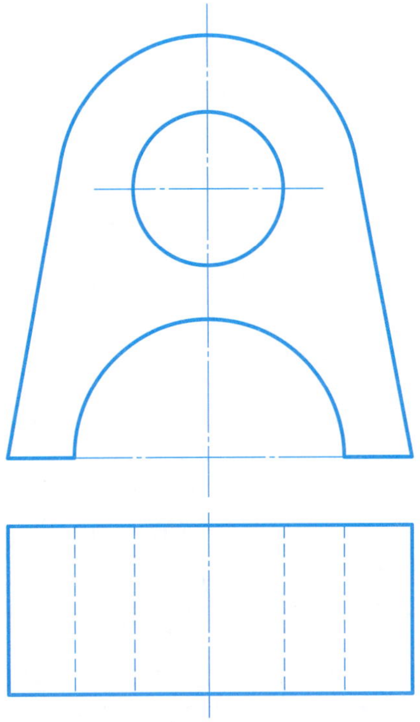

4-2-2

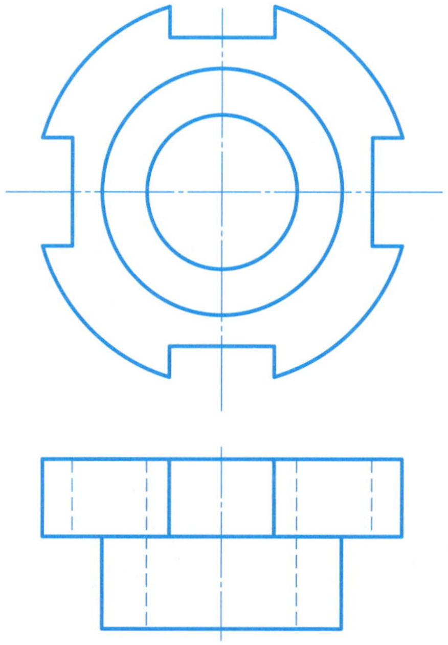

4-2-3

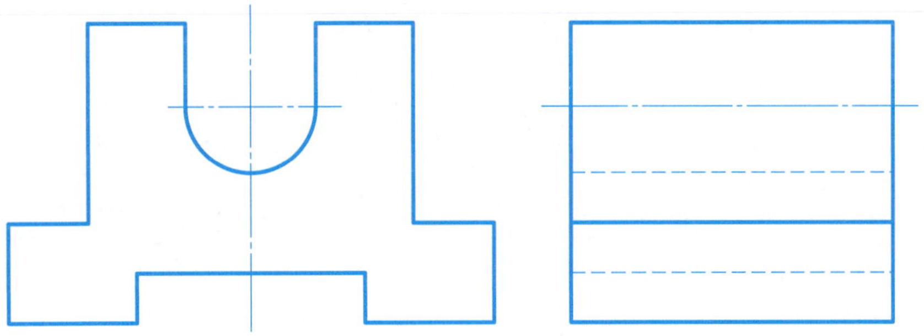

4-2-4

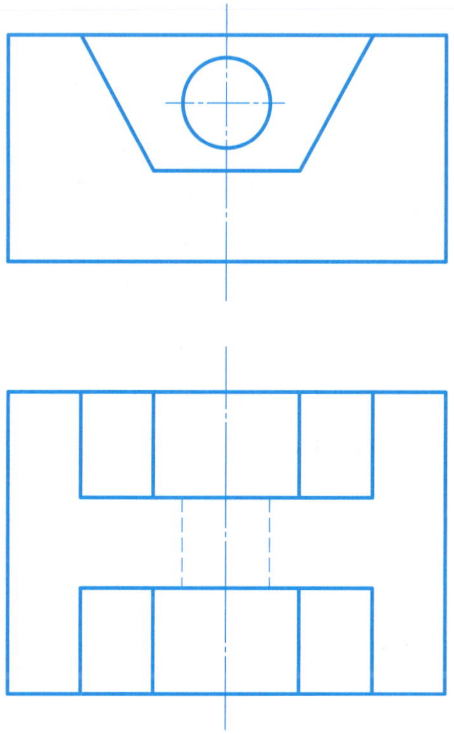

第5章 组 合 体

5-1 补画视图中的漏线

班级　　　　姓名　　　　学号

5-1-1

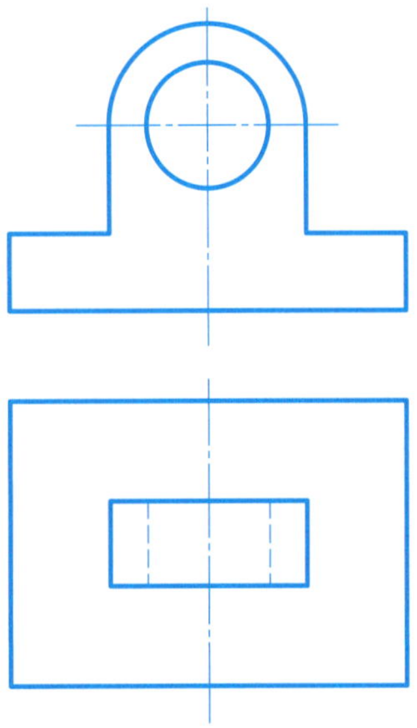

5-1-2

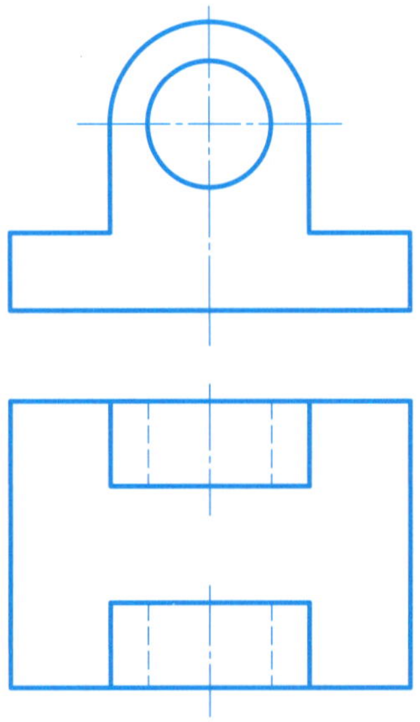

5-1-3

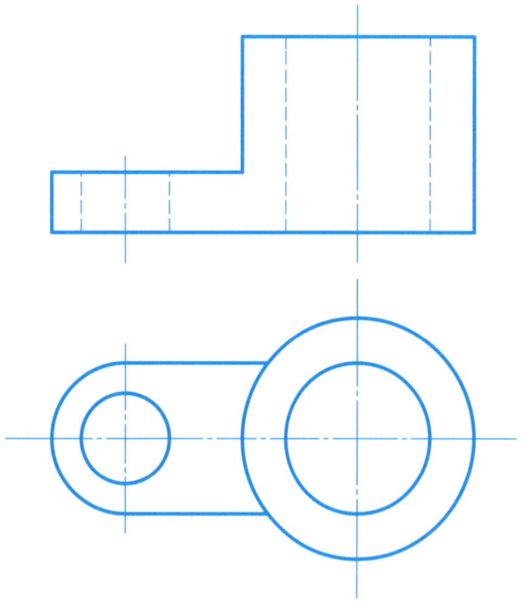

5-1-4

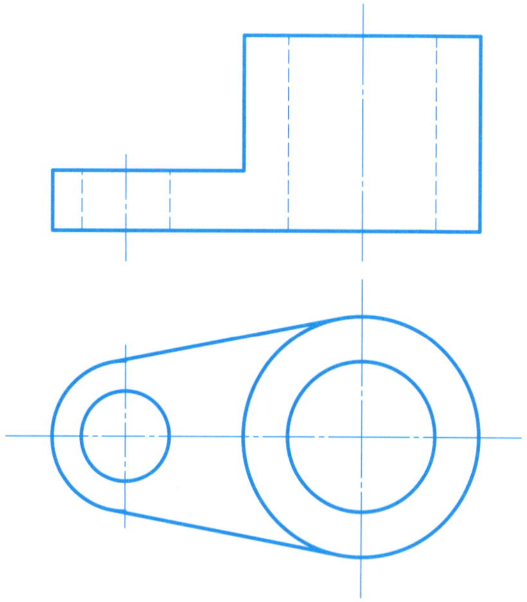

5-1-5

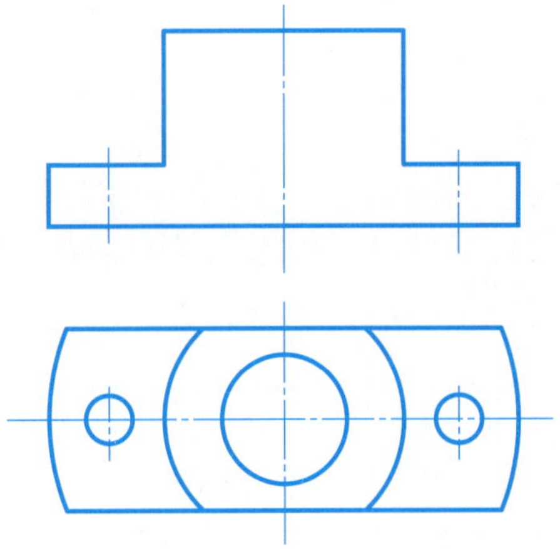

5-1-6

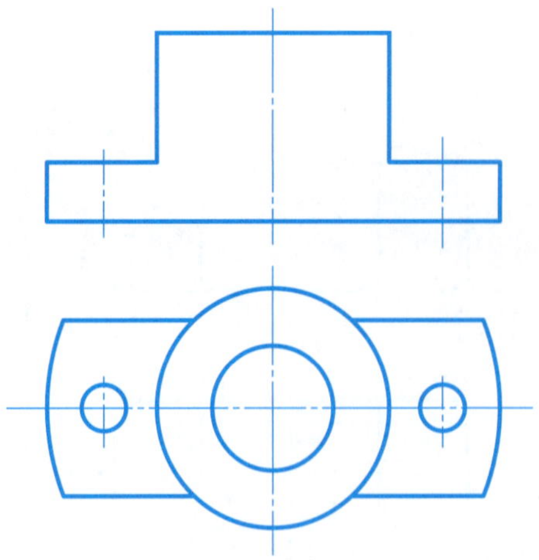

5-1-7

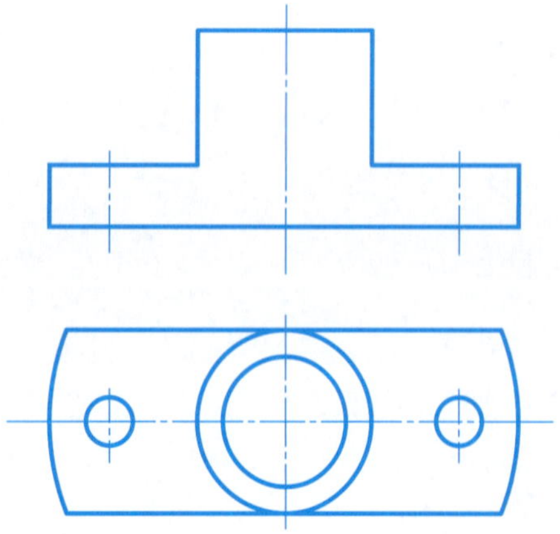

5-1-8

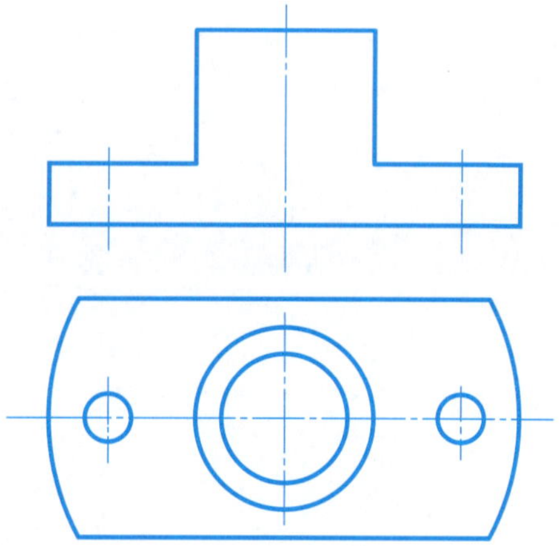

5-2 根据立体图，绘制物体的三视图，并标注尺寸

班级　　　　姓名　　　　学号

5-2-1

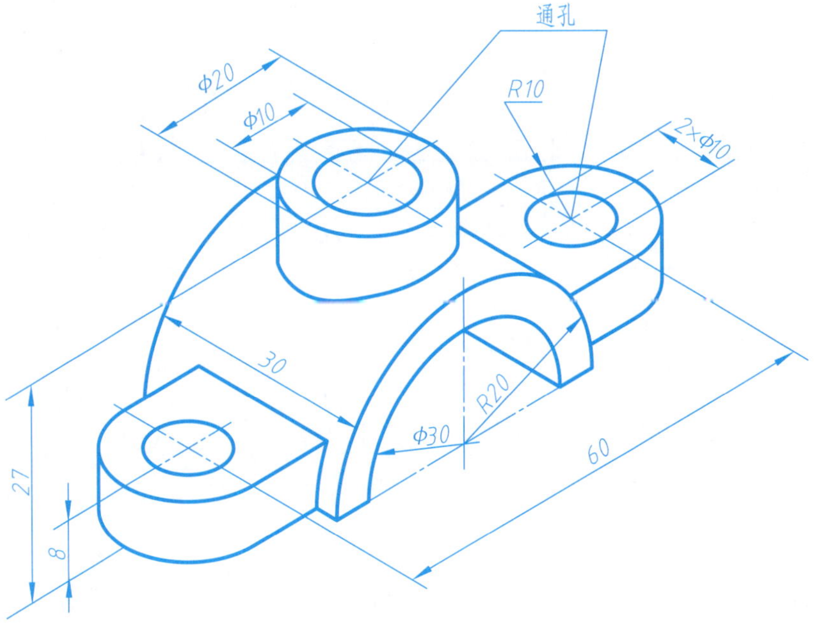

5-2-2

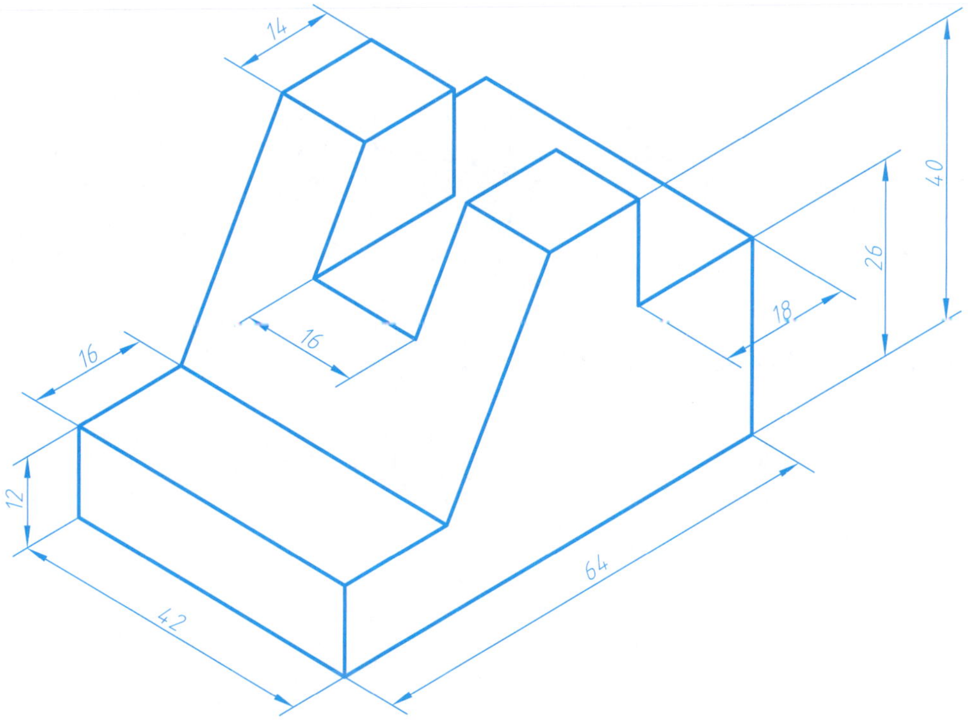

5-3 标注组合体的尺寸，尺寸数值从图中量取并取整数

班级　　　　姓名　　　　学号

5-3-1

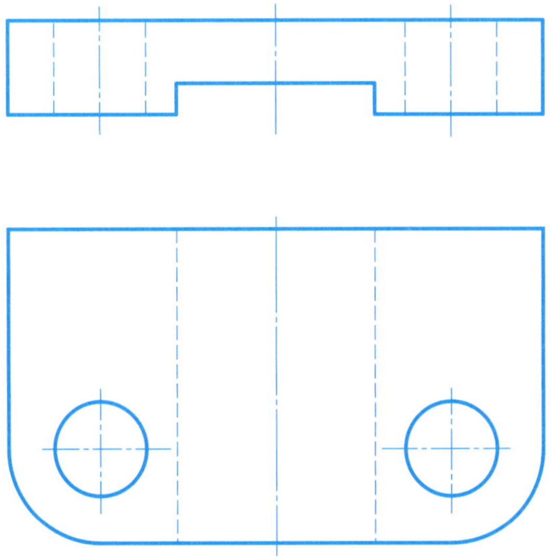

5-3-2

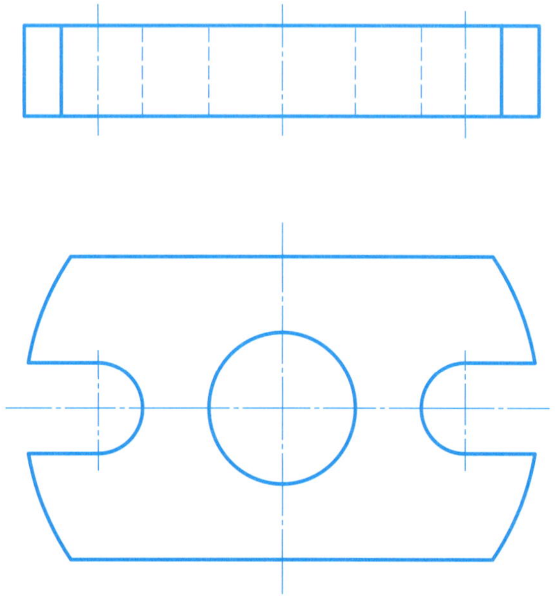

5-3-3

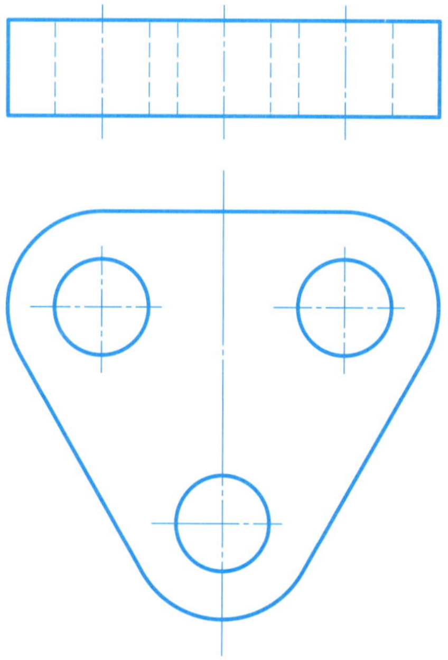

5-3-4

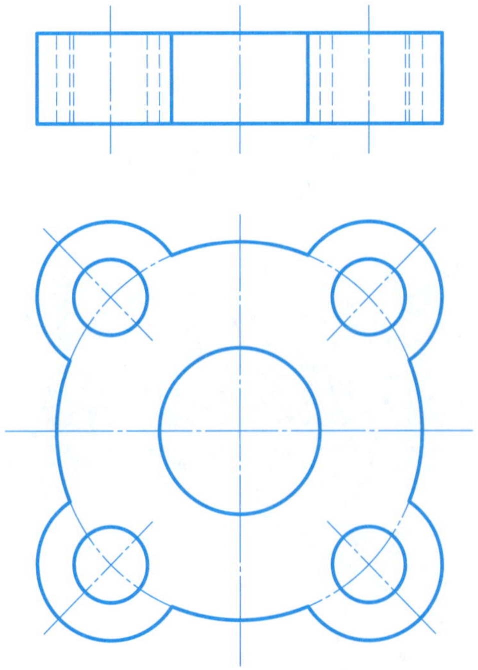

5-3-5

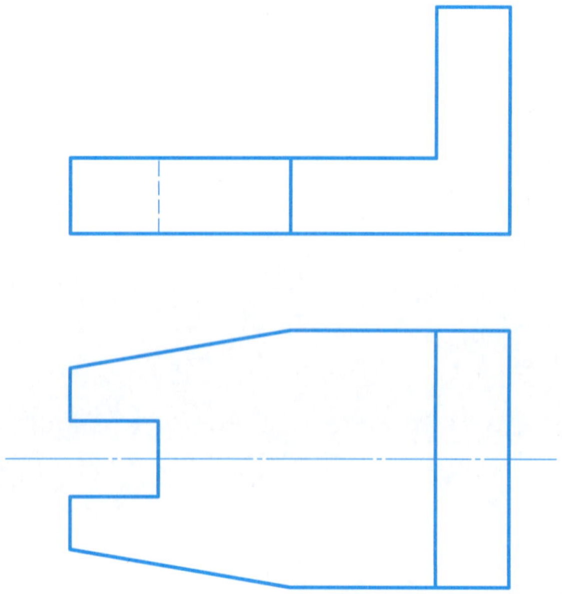

5-3-6

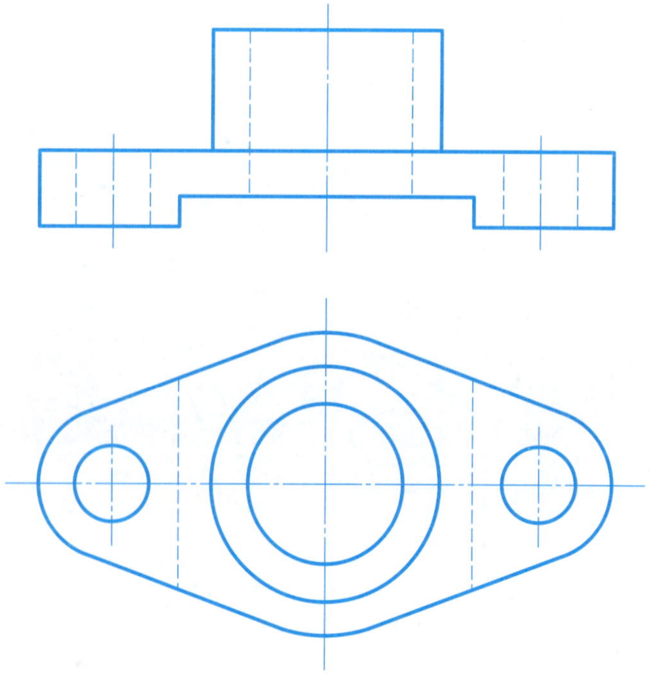

5-3-7

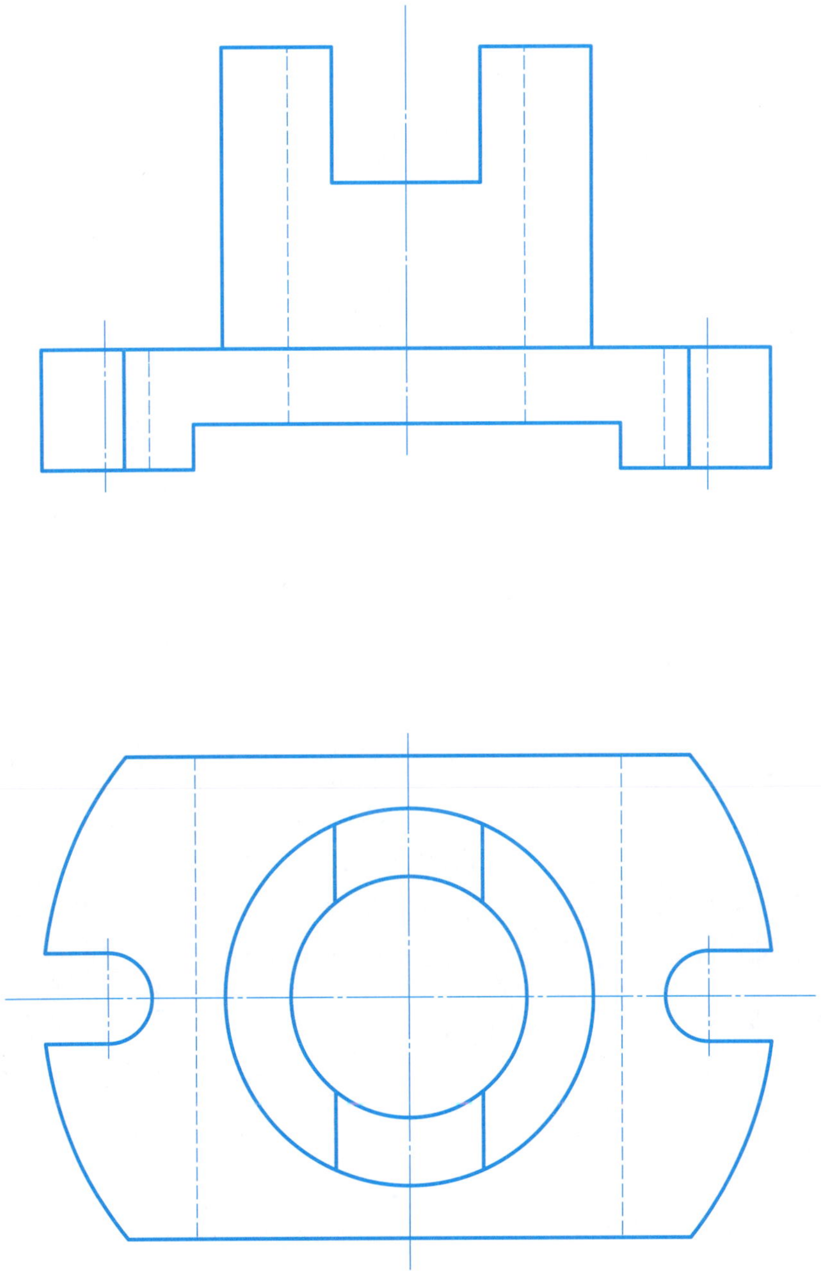

5-3-8

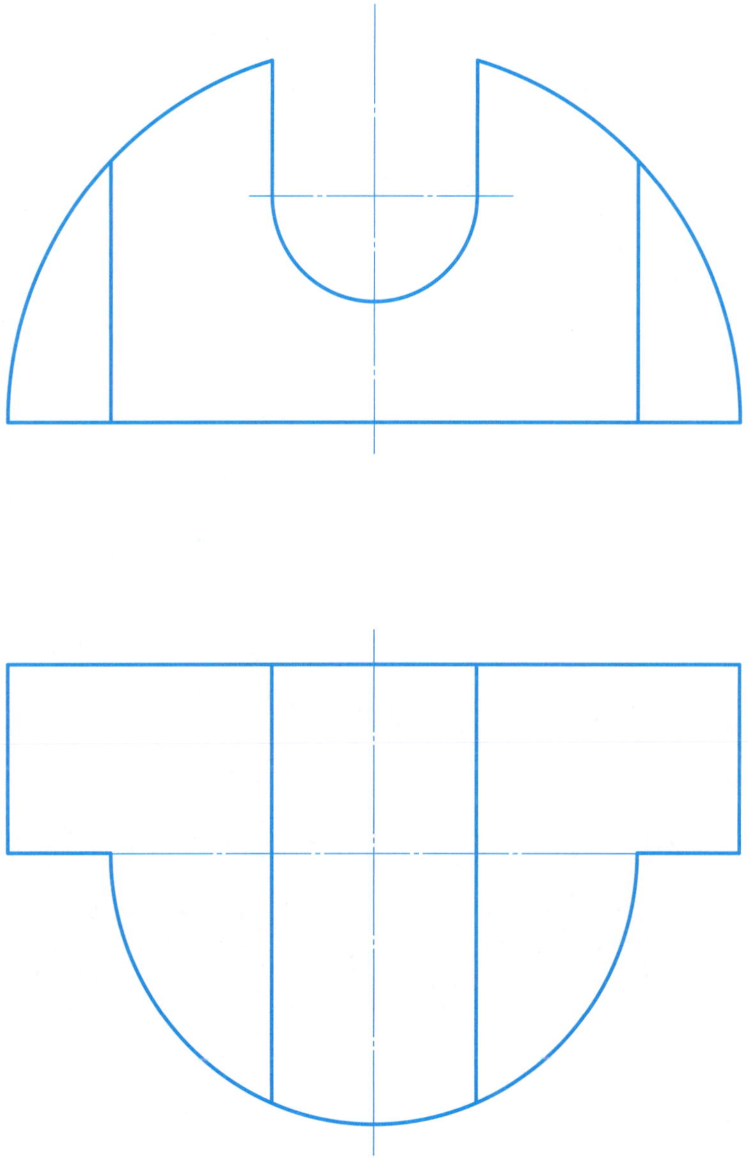

5-4 根据已有视图，补画漏线

班级 姓名 学号

5-4-1

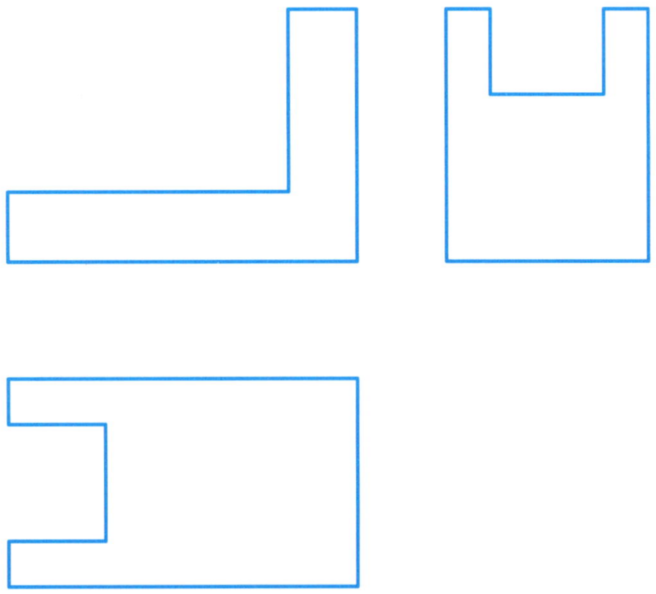

5-4-2

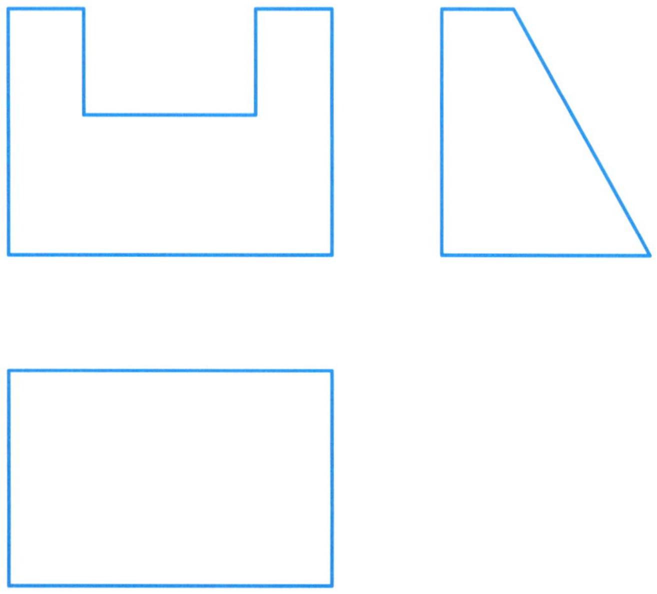

5-4-3

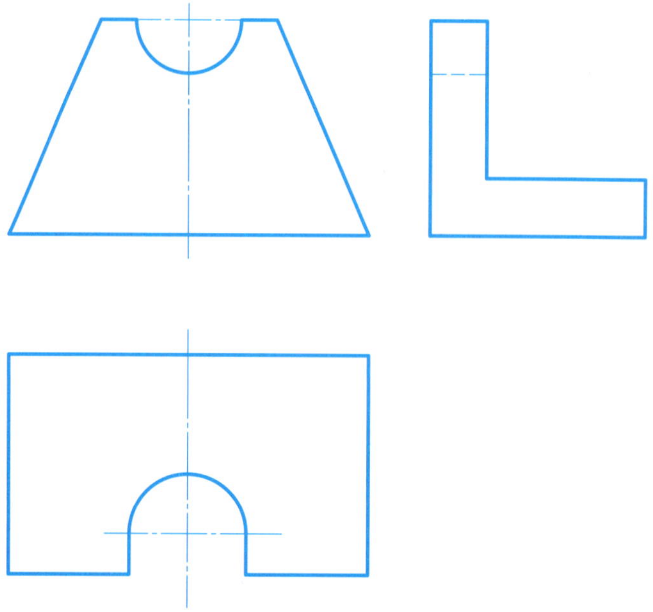

5-4-4

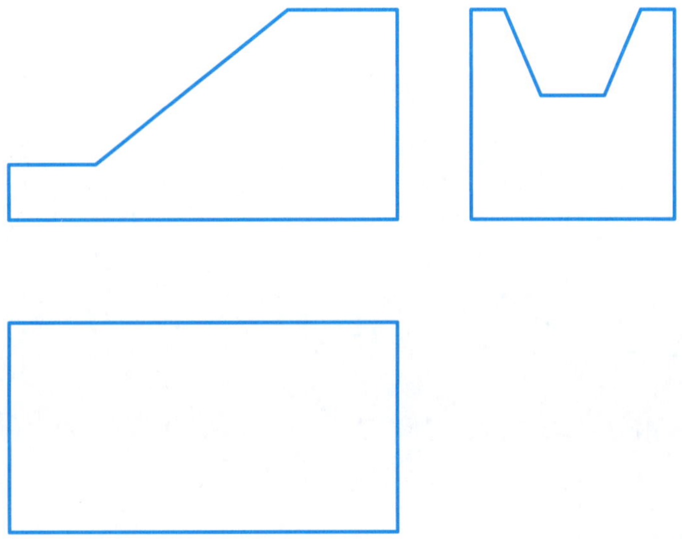

5-4-5

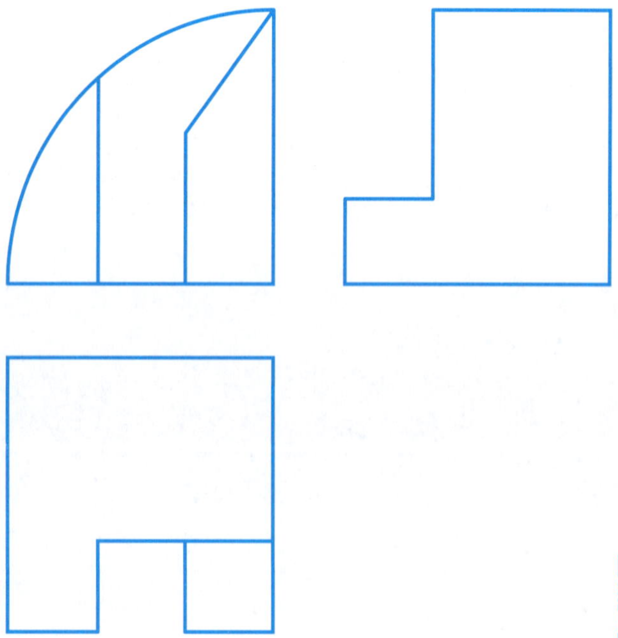

5-4-6

5-4 根据已有视图，补画漏线

班级　　姓名　　学号

5-4-7

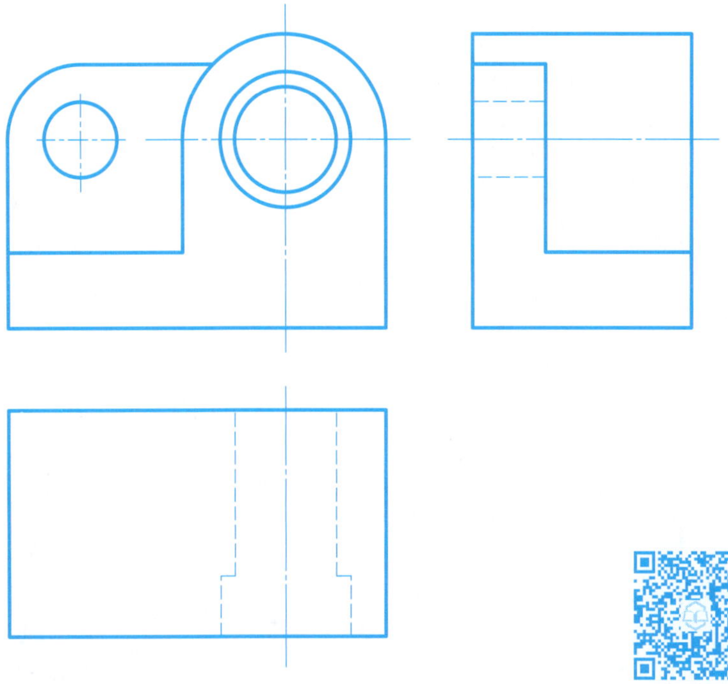

5-4-8

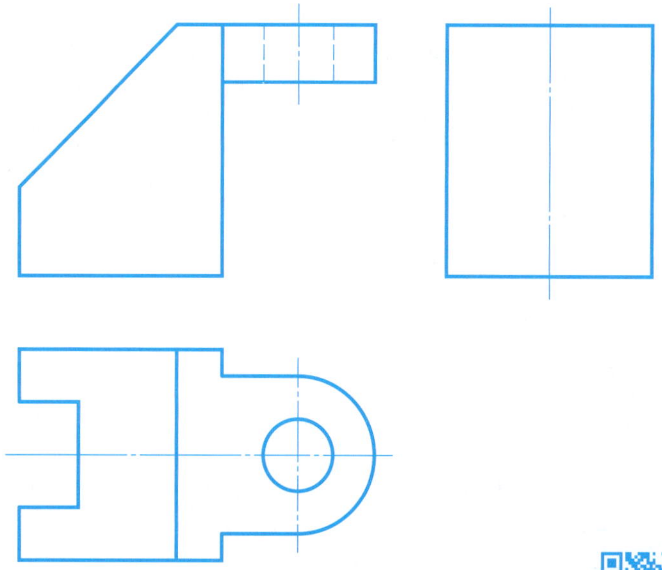

5-4-9

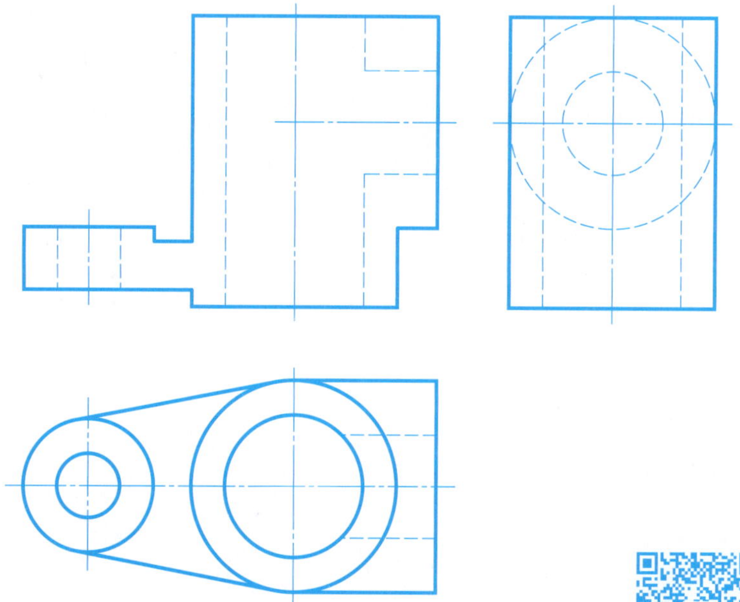

5-4-10

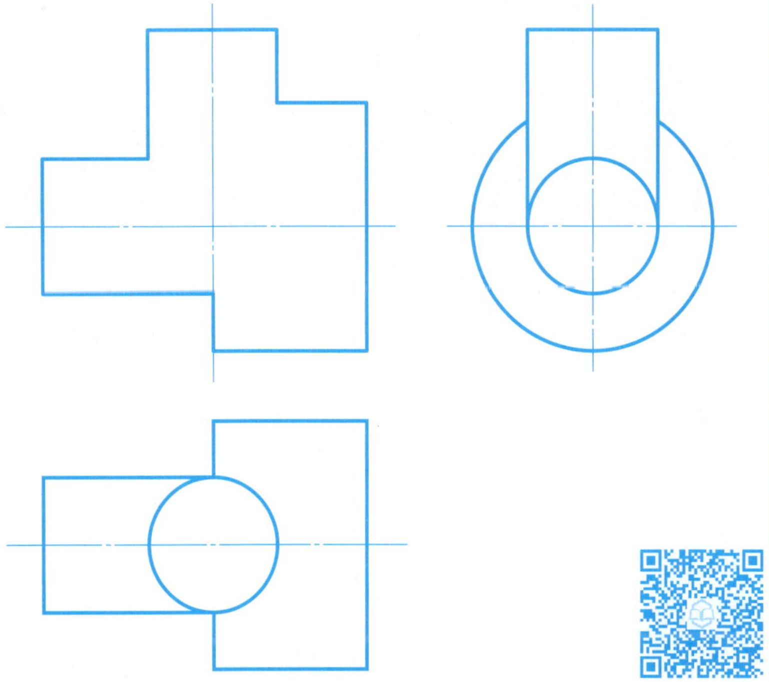

5-4-11

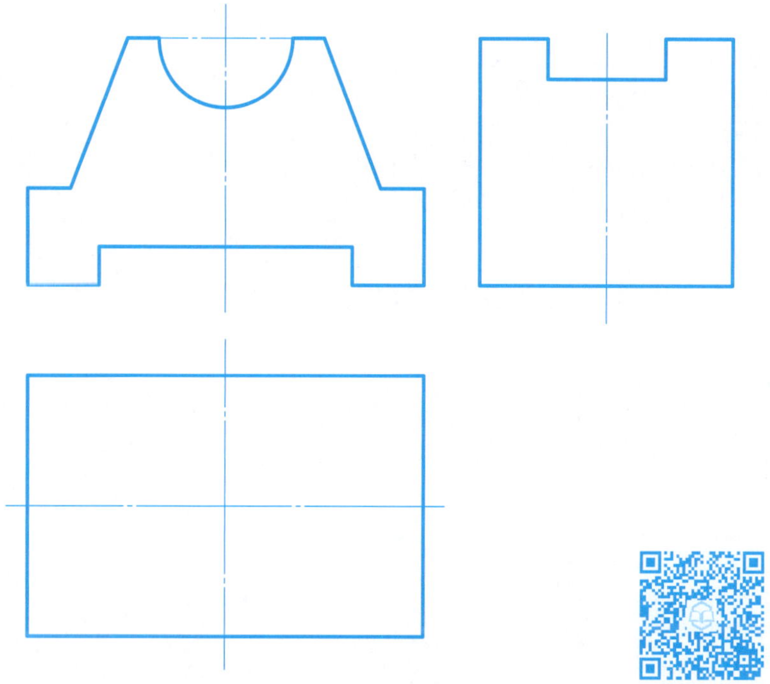

5-4-12

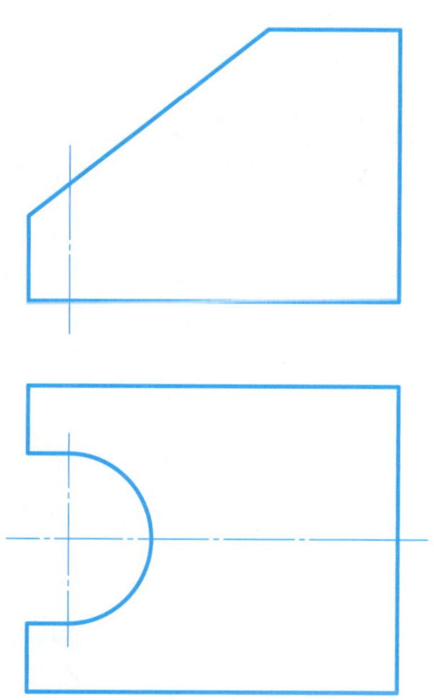

5-5 根据已有视图，补画第三视图　　班级　　姓名　　学号

5-5-1

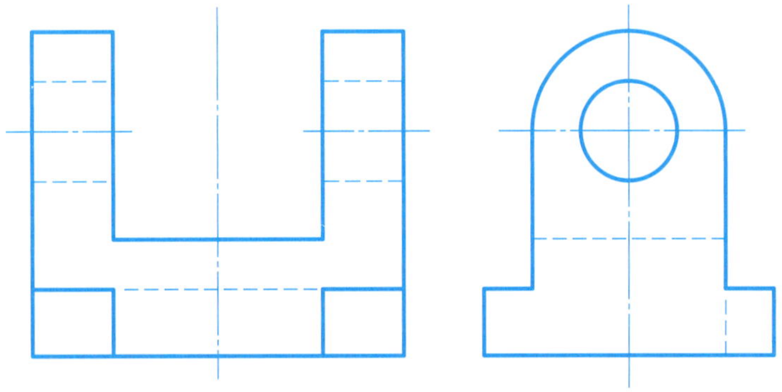

5-5-2

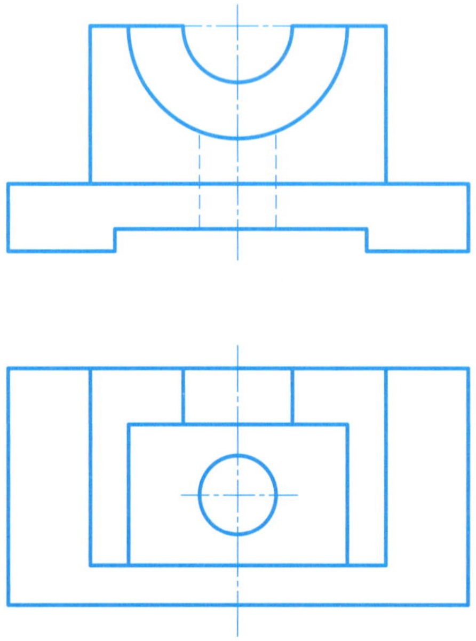

5-5-3

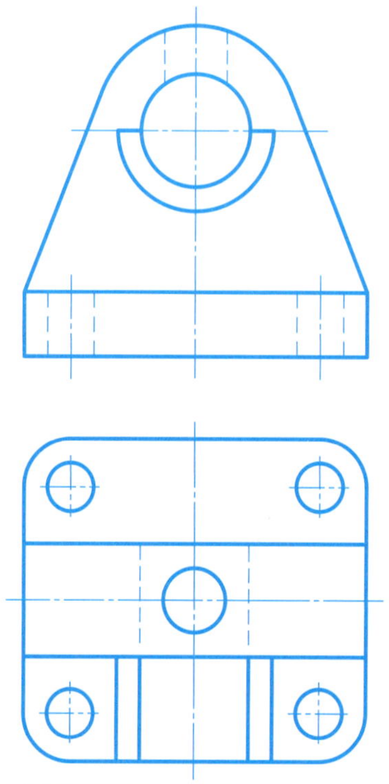

5-5-4

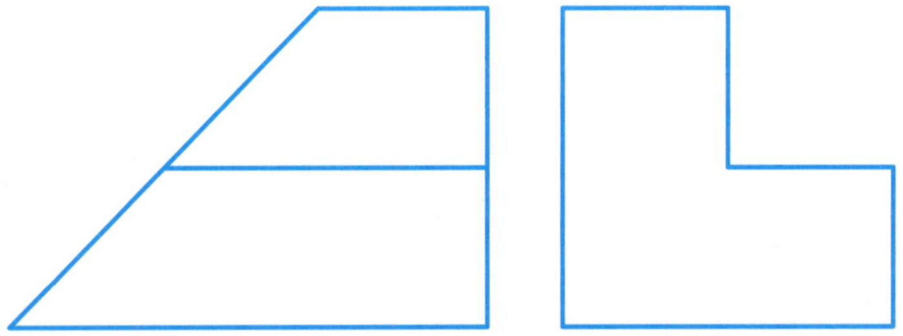

5-5-5

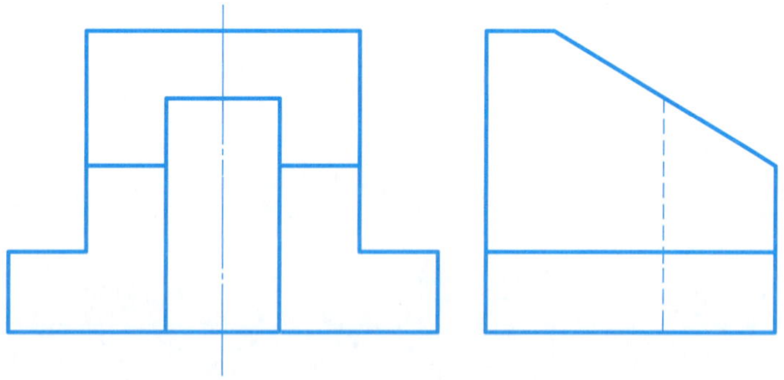

5-5-6

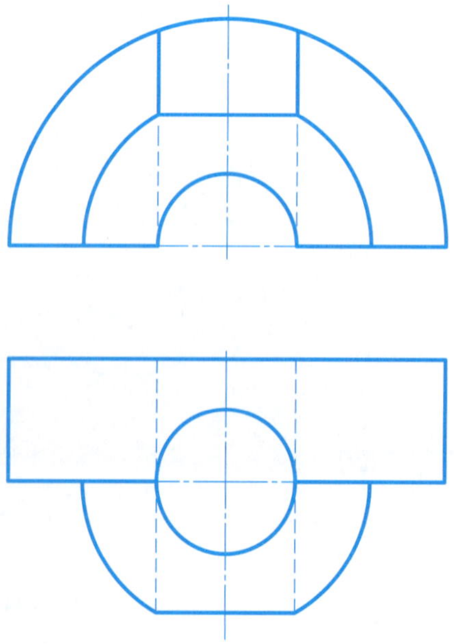

5-5 根据已有视图，补画第三视图

班级　　　　姓名　　　　学号

5-5-7

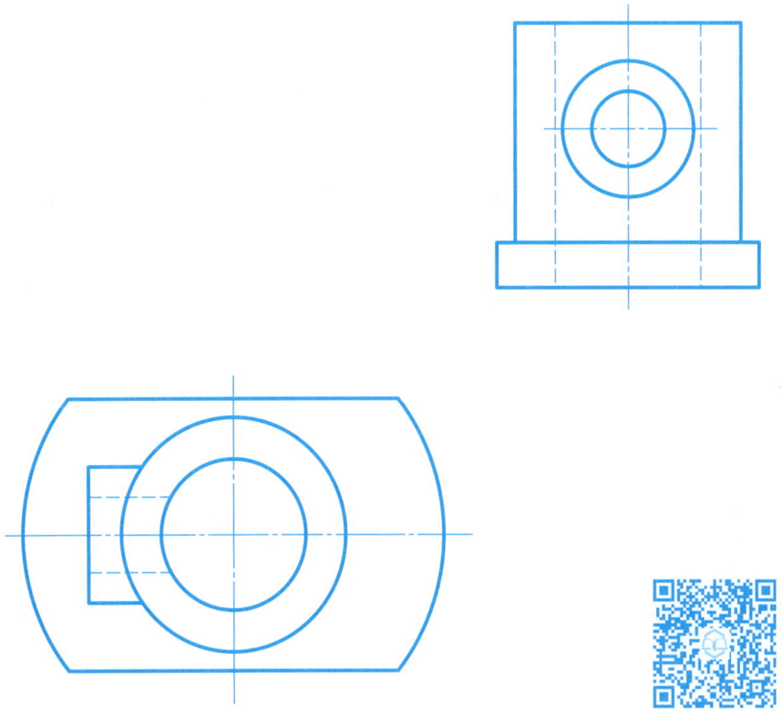

5-5-8

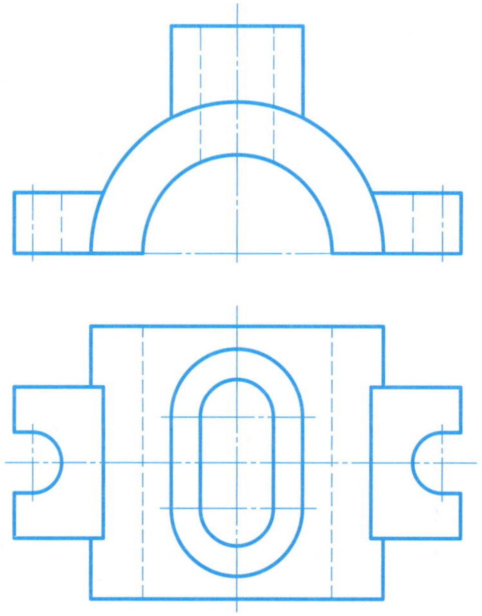

5-5-9

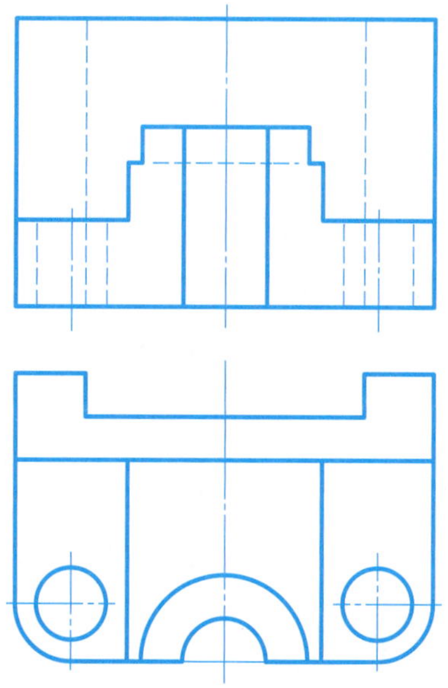

5-5-10

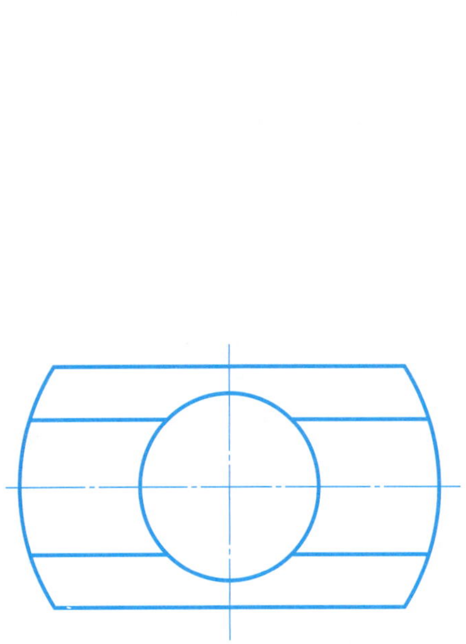

5-5-11

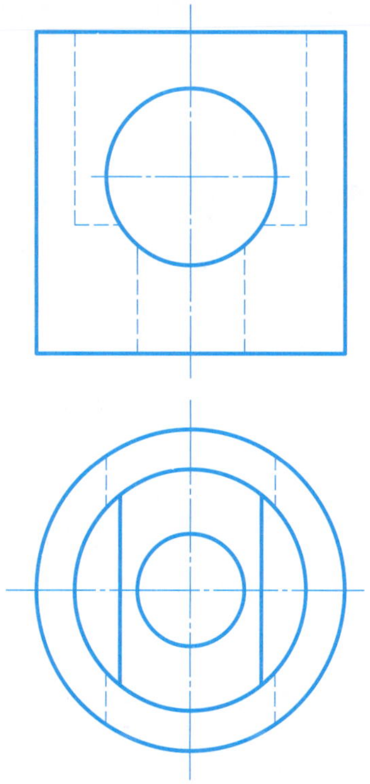

5-5-12

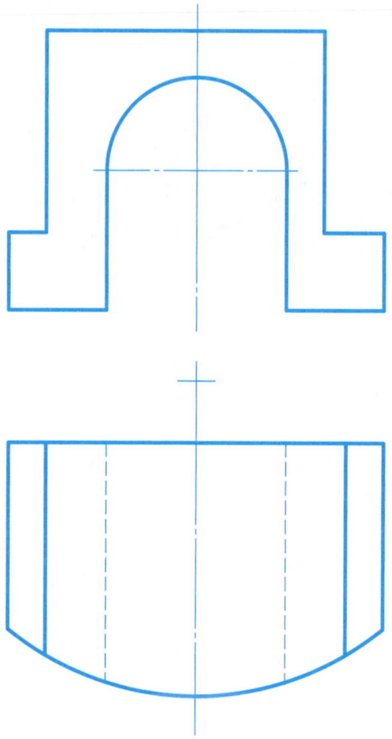

5-6 根据立体图，绘制组合体三视图，并标注尺寸

班级　　姓名　　学号

图名：组合体三视图。

内容：任选一题，选择图幅、确定比例，绘制组合体三视图，并标注尺寸。

目的：培养运用三视图表达组合体的能力。

要求：

（1）布图匀称合理，图面清晰、整洁。

（2）视图绘制正确，尺寸标注正确、完整、清晰。

（3）线型均匀一致且符合国家标准规定，图线粗细分明。

（4）认真书写文字、尺寸数字，箭头大小一致。

注意：图中的孔均为通孔。

5-6-1

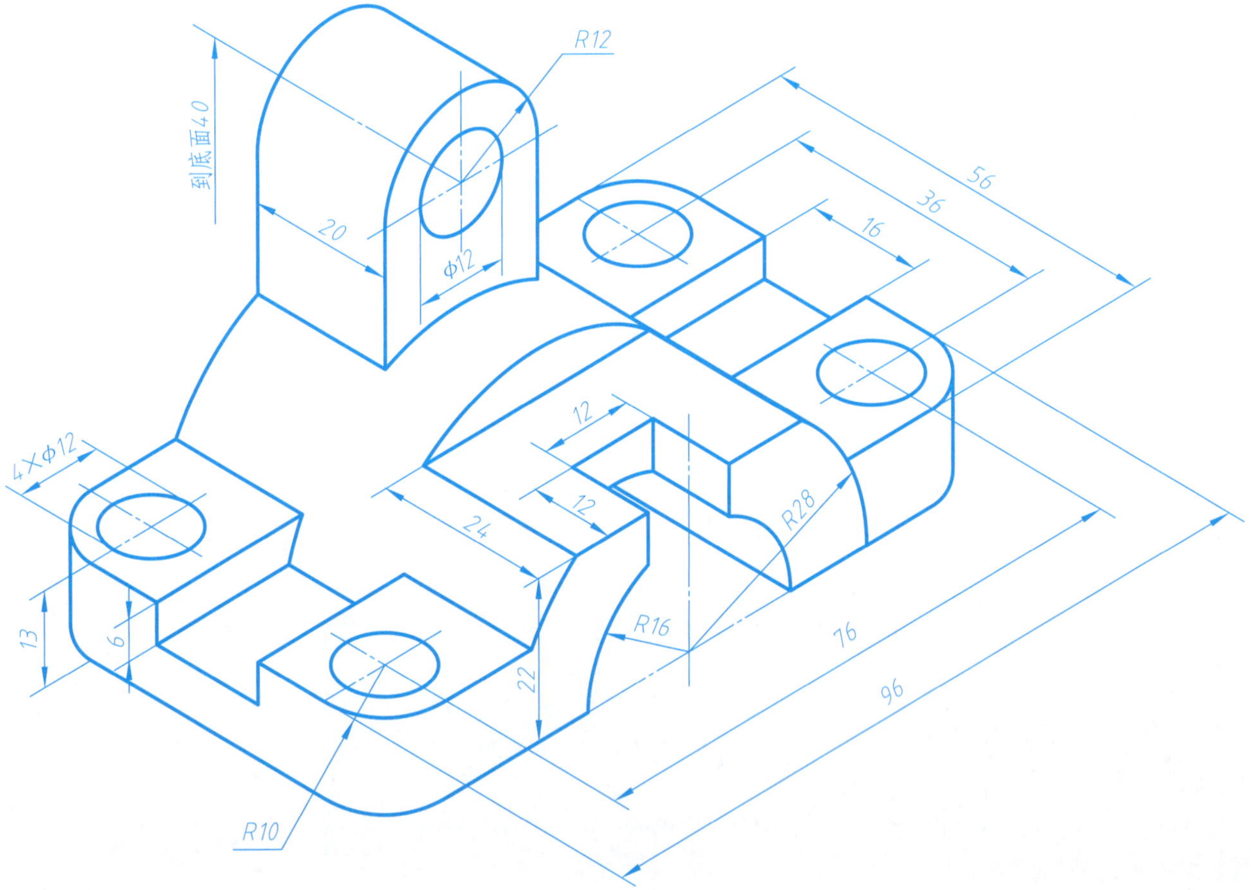

5-6-2

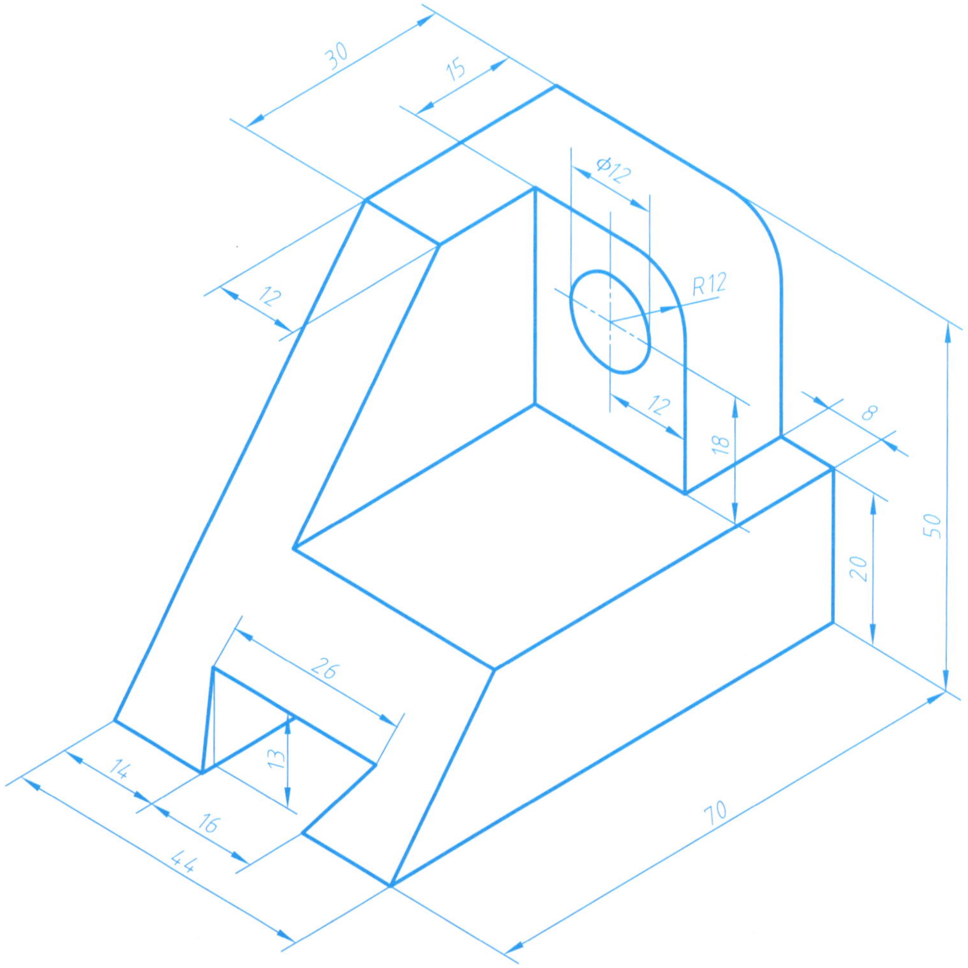

5-6 根据立体图，绘制组合体三视图，并标注尺寸　　　　班级　　　　姓名　　　　学号

5-6-3

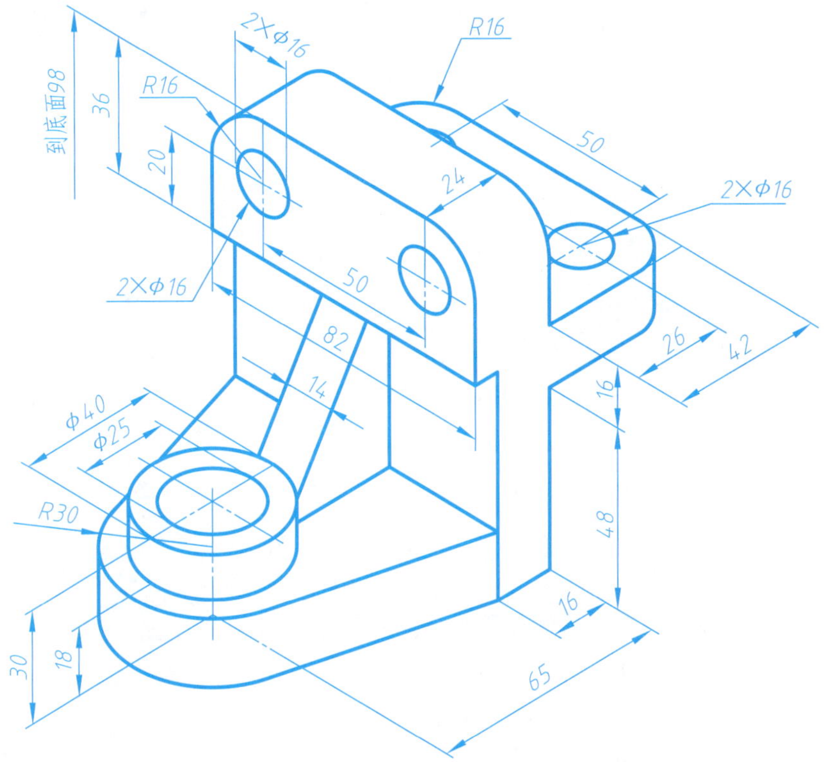

5-6-4

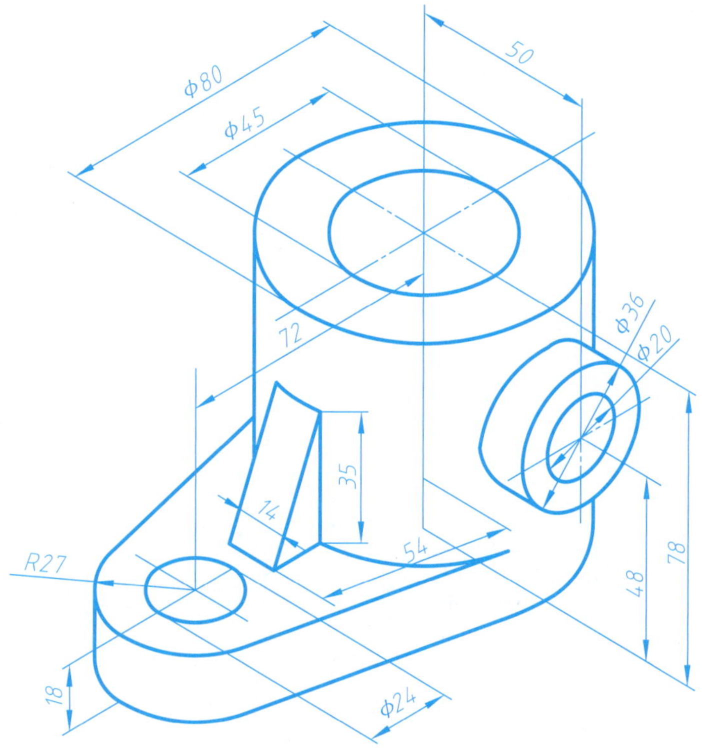

5-7 根据已有视图，补画漏线，并绘制其正等轴测图

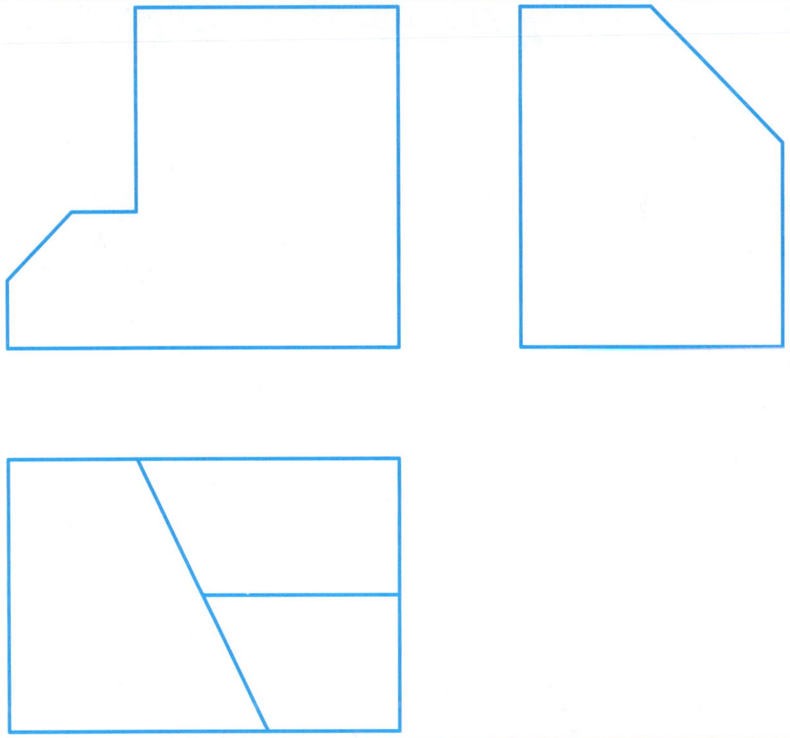

第 6 章　机件的表达方法

6-1　基本视图和向视图

班级　　　　姓名　　　　学号

6-1-1　补全六个基本视图。

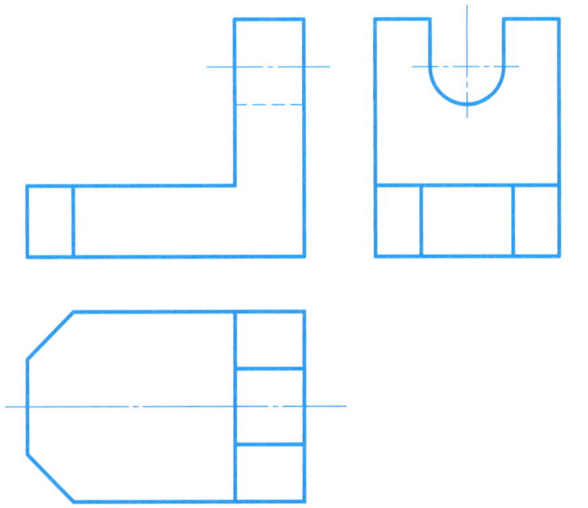

6-1-2　在括号中填写正确的向视图名称。

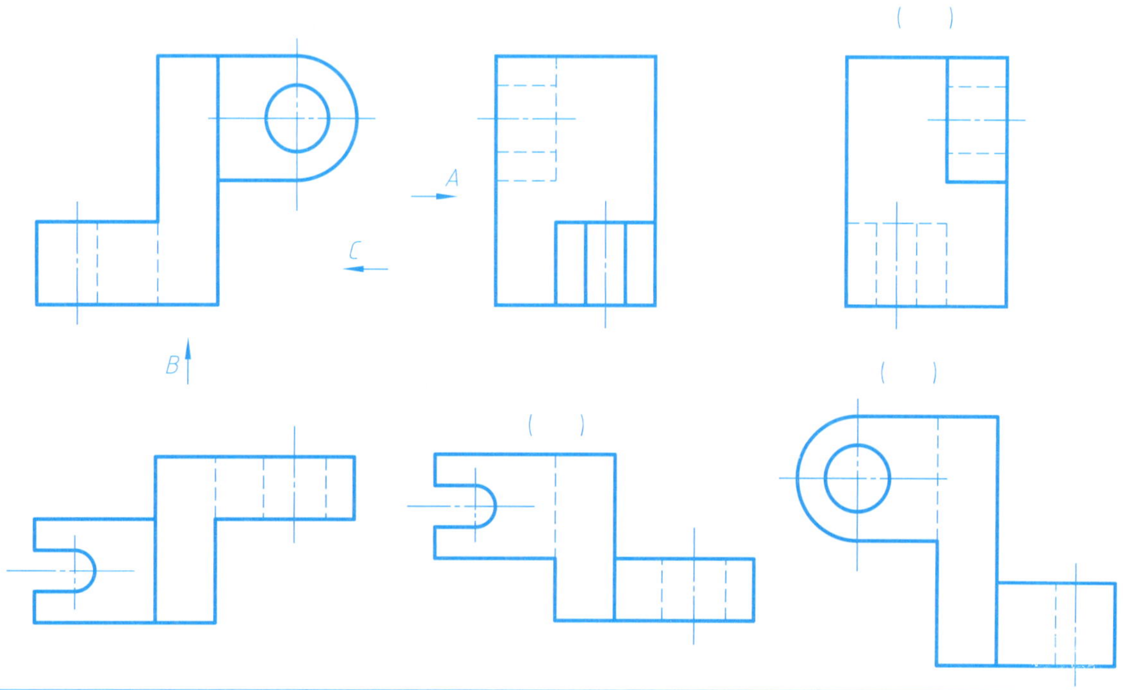

6-1-3　根据已有视图，补画后、仰、右视图，并按规定标注。

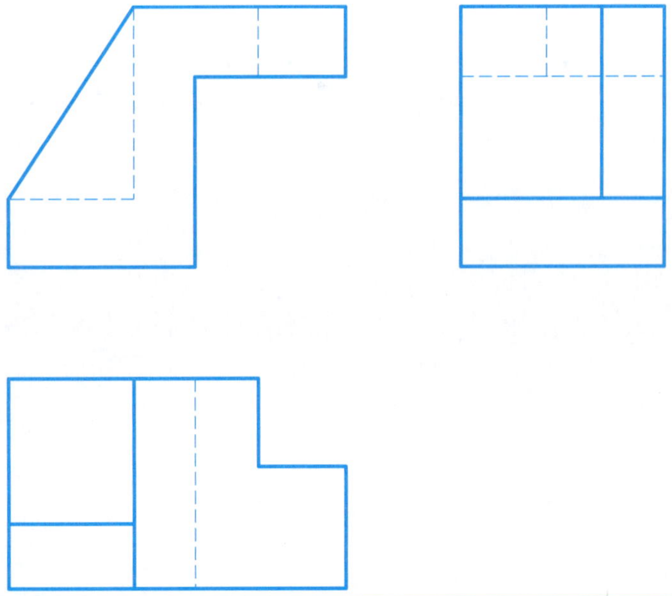

6-1-4　绘制所给机件的六个基本视图（尺寸从图中量取）。

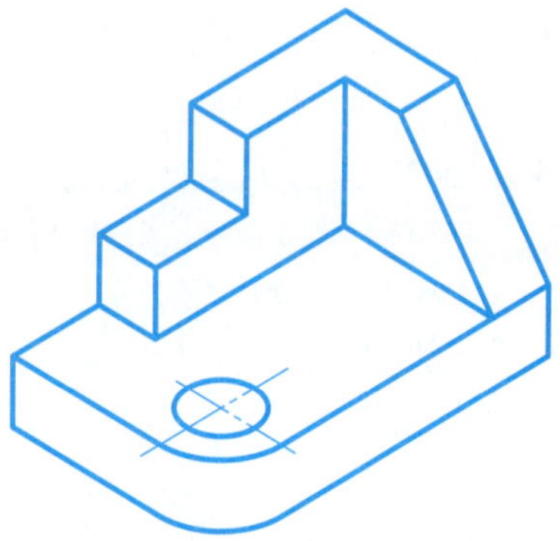

6-2 局部视图和斜视图

班级　　　　姓名　　　　学号

6-2-1 选择正确的 *A* 向和 *B* 向局部视图（括号内画√）。

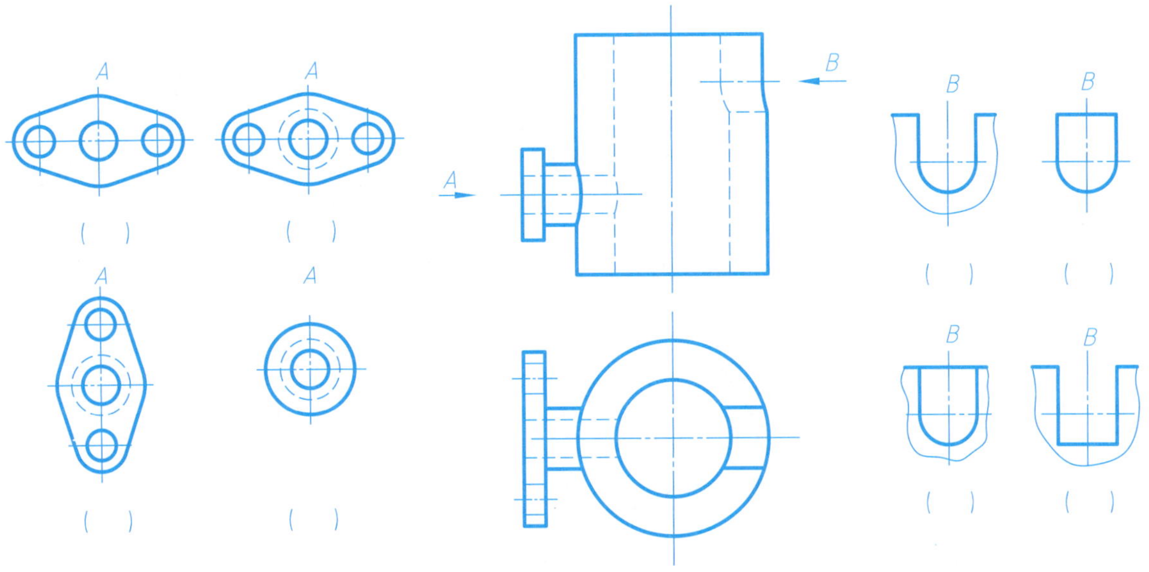

6-2-2 选择正确的 *A* 向斜视图（括号内画√，多选）。

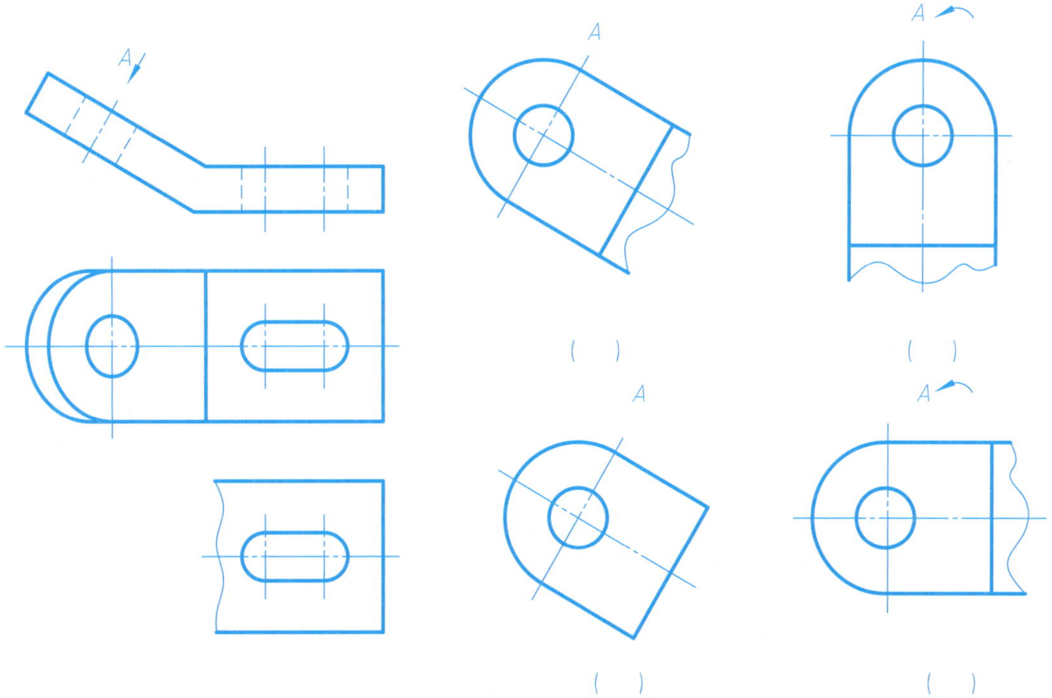

6-2-3 在指定位置画出 *A* 向斜视图和 *B* 向局部视图。

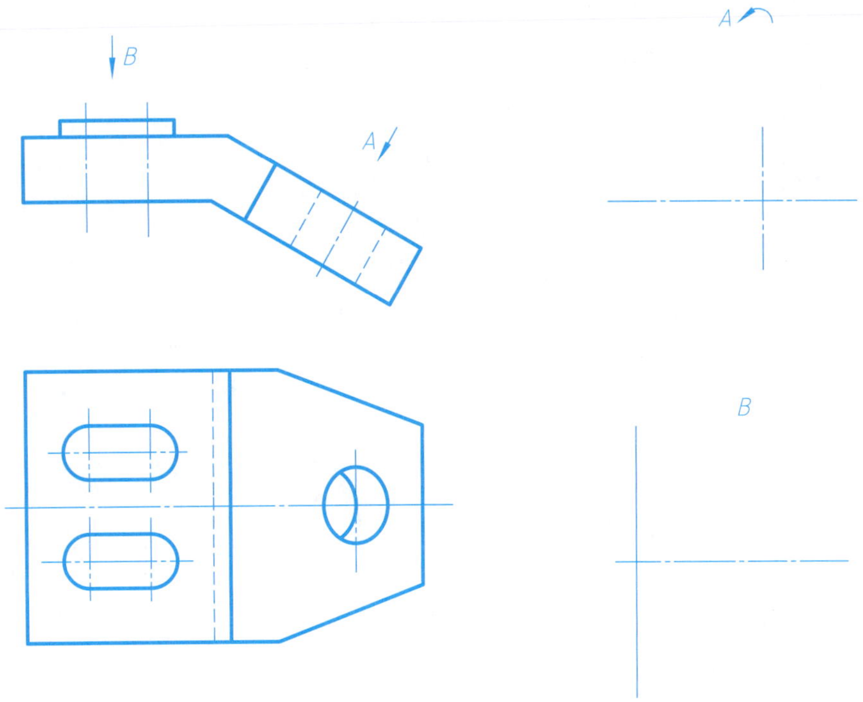

6-2-4 分别绘制 *A* 处的局部视图和 *B* 处的斜视图，并按规定标注。

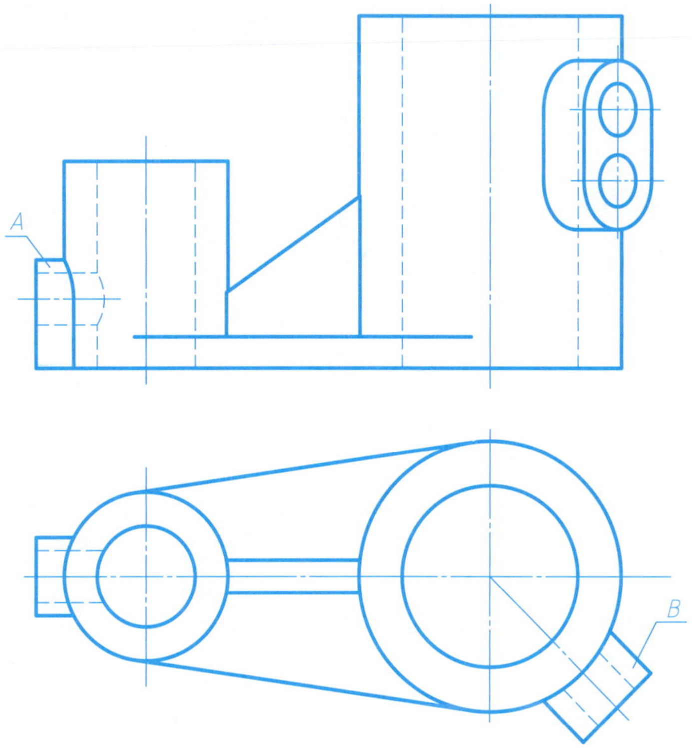

6-3 剖视图

班级　　　　姓名　　　　学号

6-3-1 补画剖视图中所缺的图线。

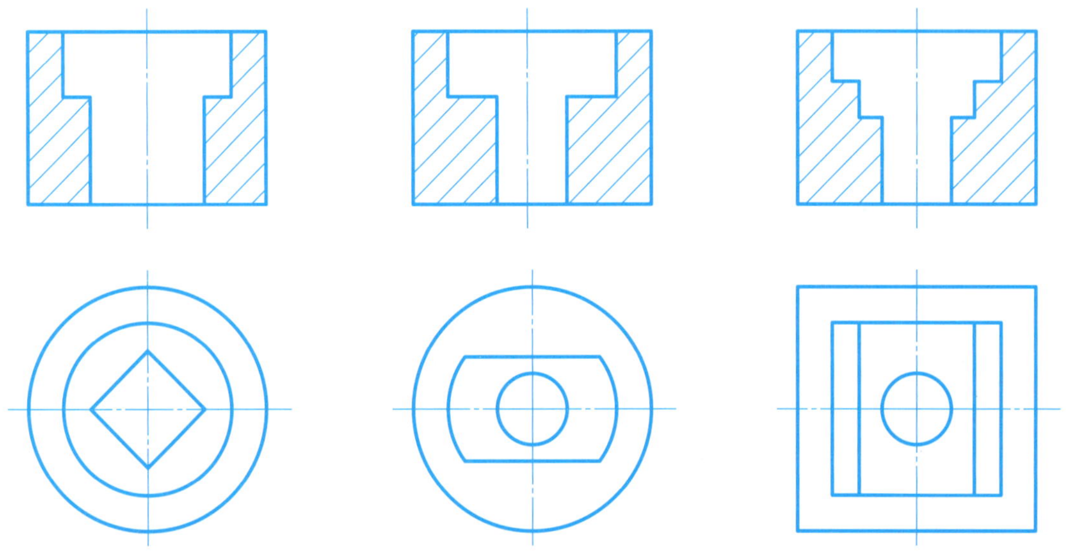

6-3-2 补画剖视图中所缺的线。

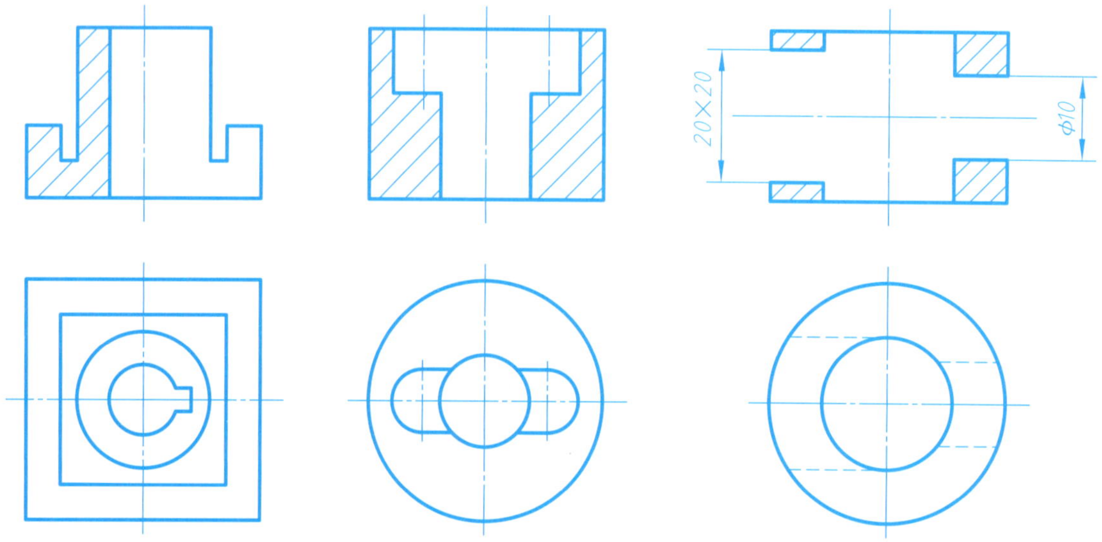

6-3-3 补画剖视图中所缺的图线，并完整标注剖切平面位置、投射方向及剖视图名称。

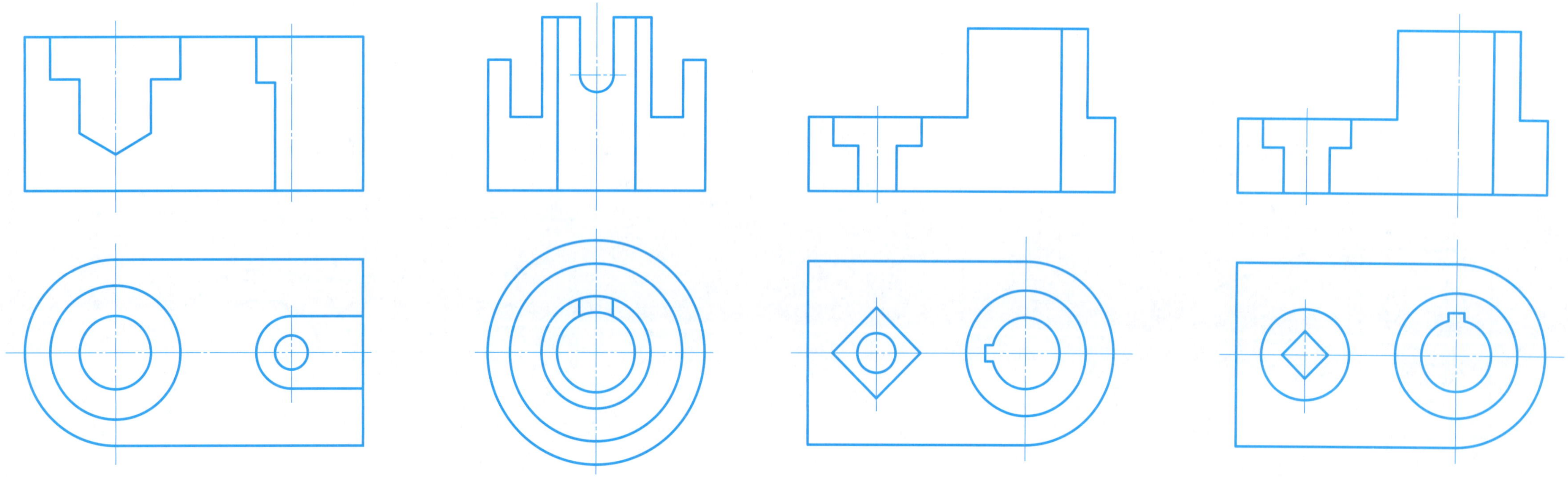

6-4　全剖视图

班级　　姓名　　学号

6-4-1　在指定位置将主视图改为全剖视图。

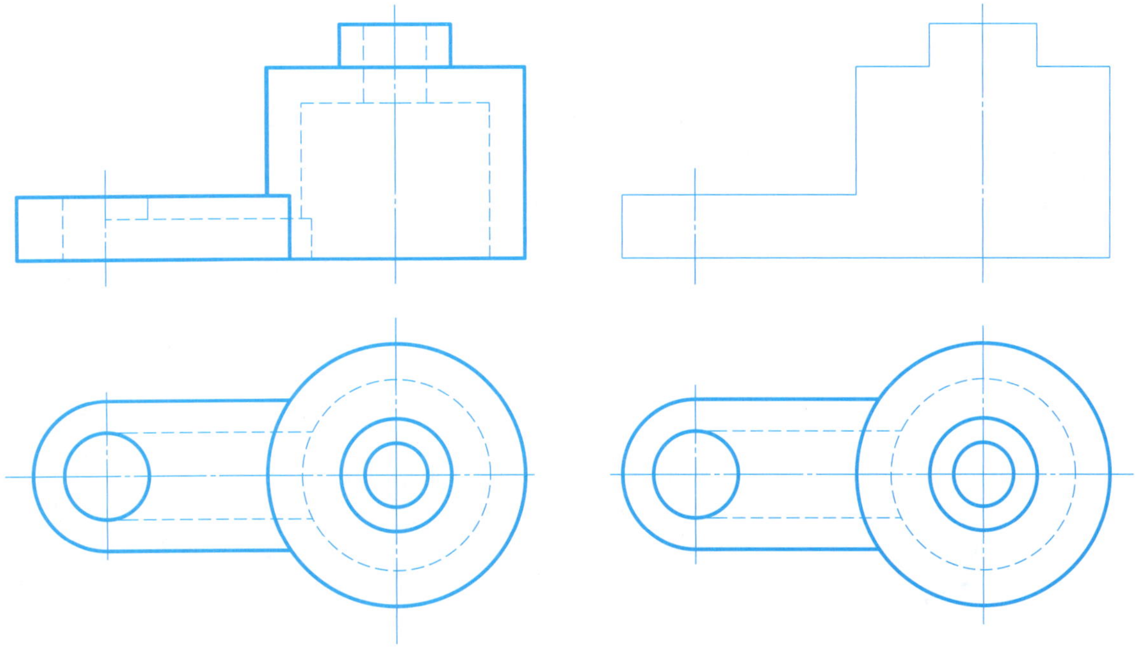

6-4-2　在指定位置将主视图改为全剖视图。

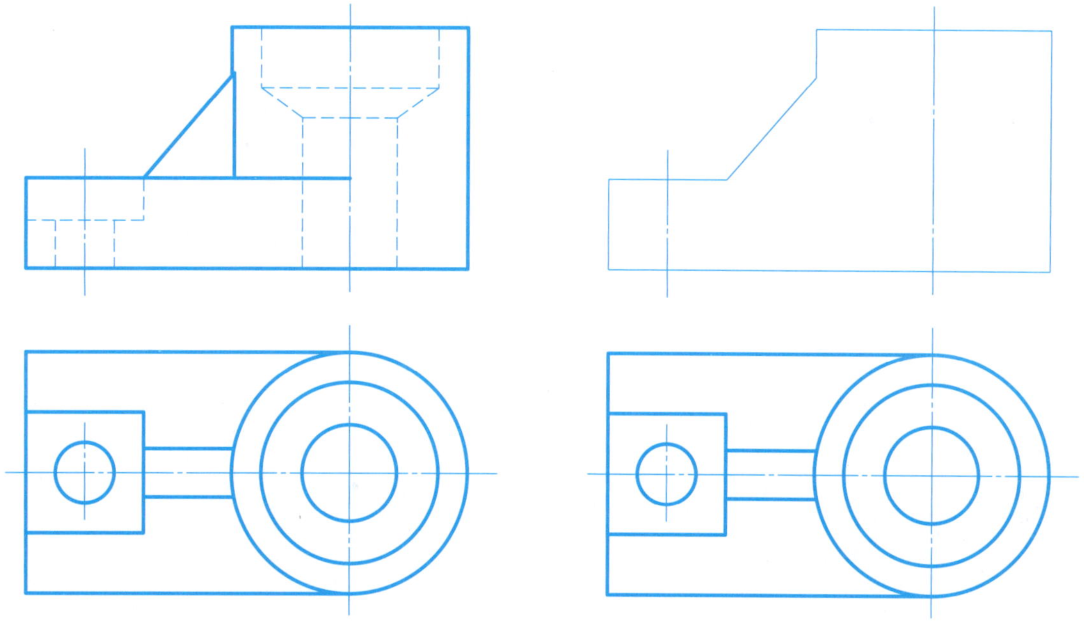

6-4-3　读懂主、俯视图，画出全剖的左视图。

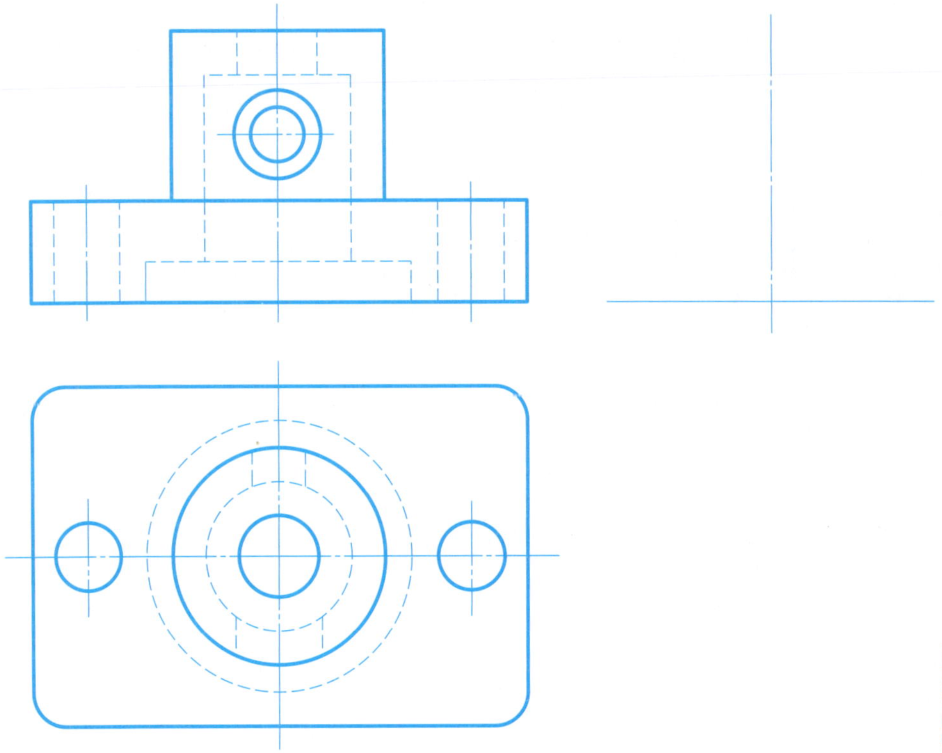

6-4-4　读懂主、俯视图，画出全剖的左视图。

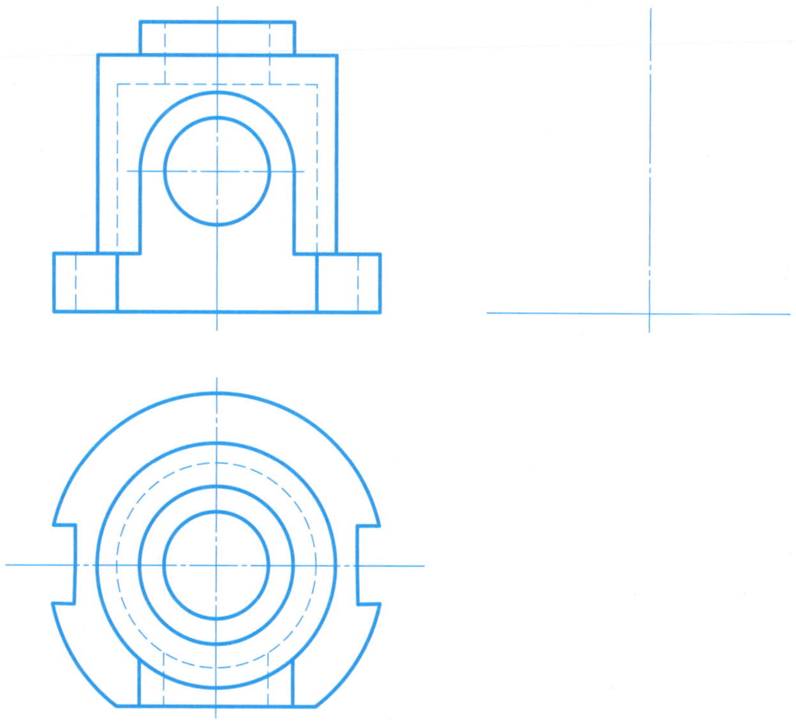

6-5 半剖视图

班级　　　　姓名　　　　学号

6-5-1 在指定位置将主视图改为半剖视图。

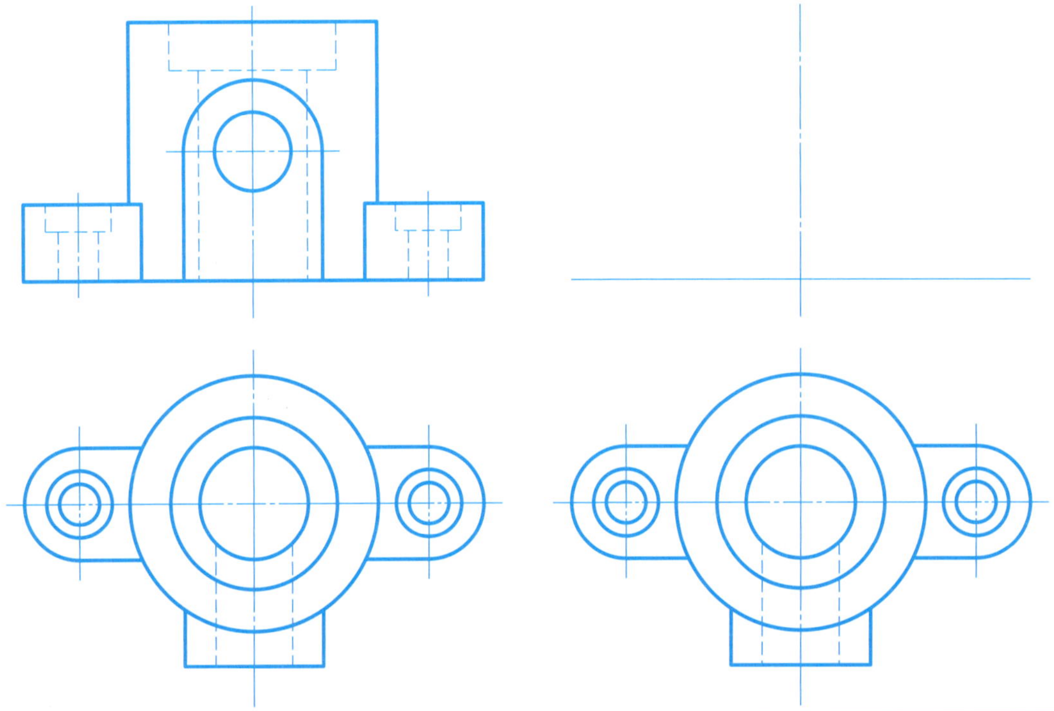

6-5-2 在指定位置将主视图改为半剖视图。

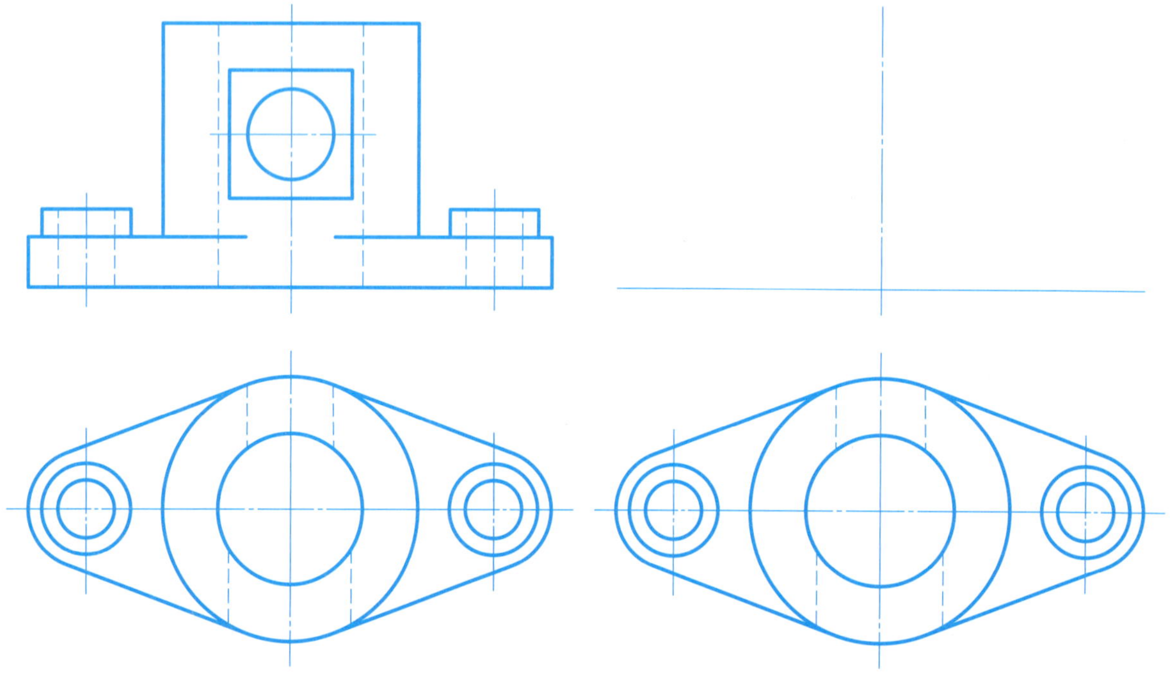

6-5-3 读懂主、俯视图，画出半剖的左视图。

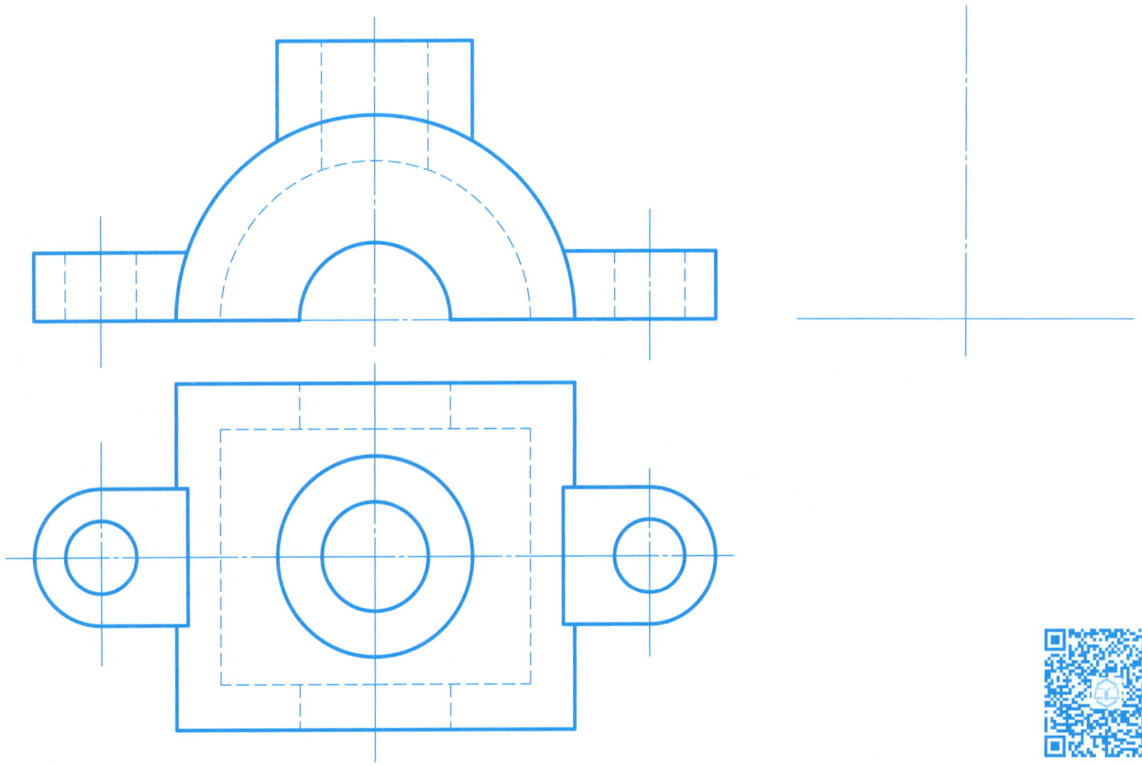

6-5-4 读懂主、俯视图，画出半剖的左视图。

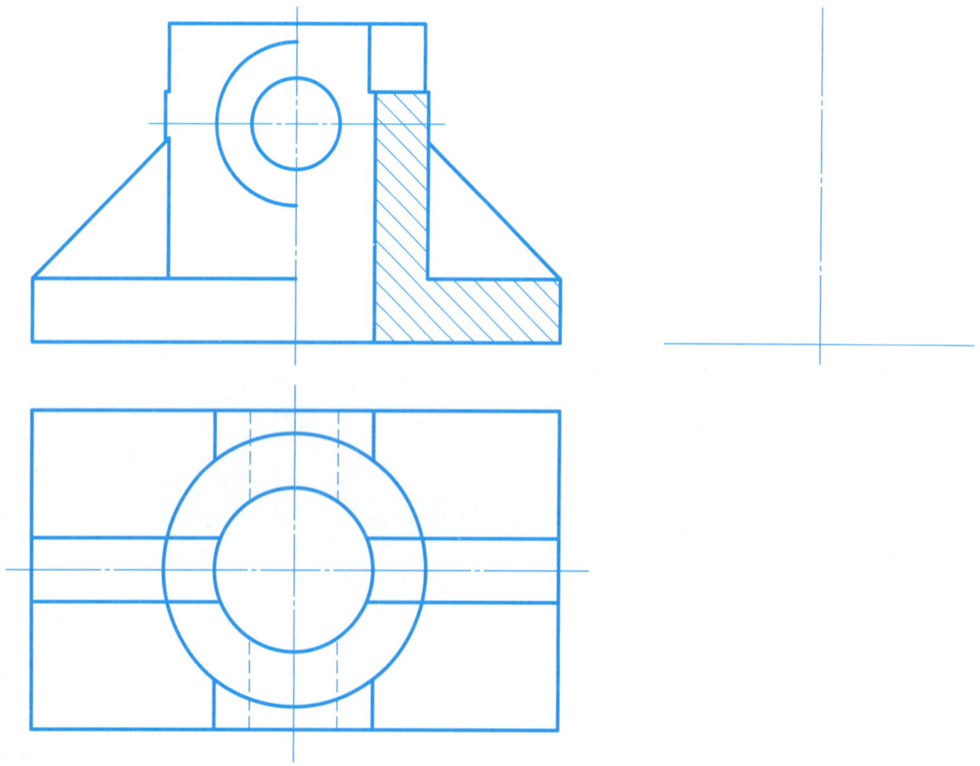

6-6 局部剖视图

班级　　　　姓名　　　　学号

6-6-1 选择局部剖视图表达正确的一项（括号内画√）。

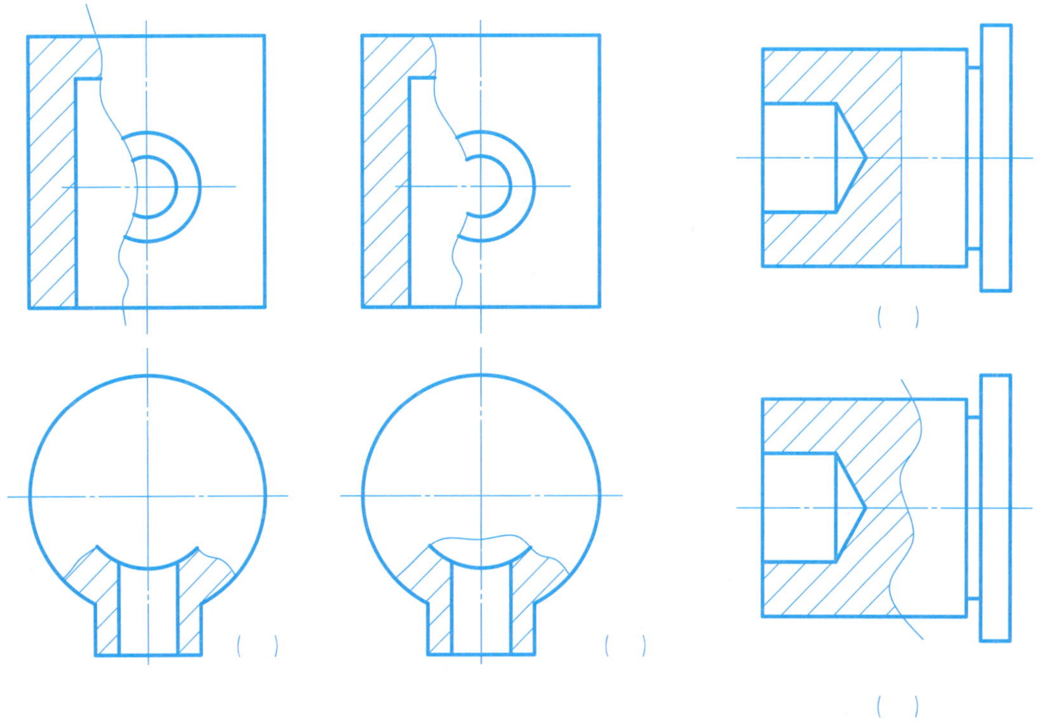

6-6-2 读懂主、俯视图，在适当的部位作出局部剖视图。

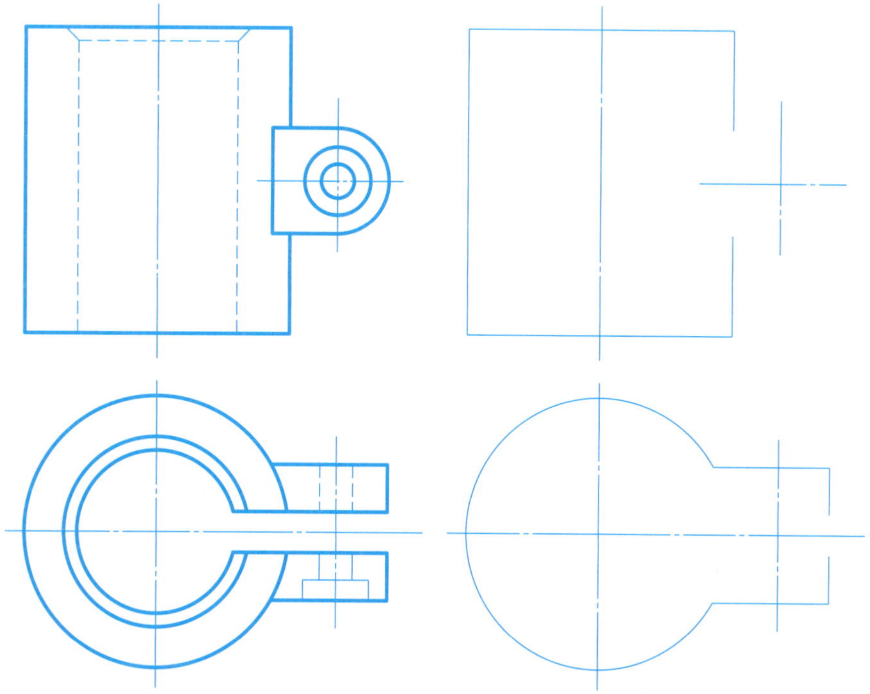

6-6-3 读懂主、俯视图，在适当的部位作出局部剖视图。

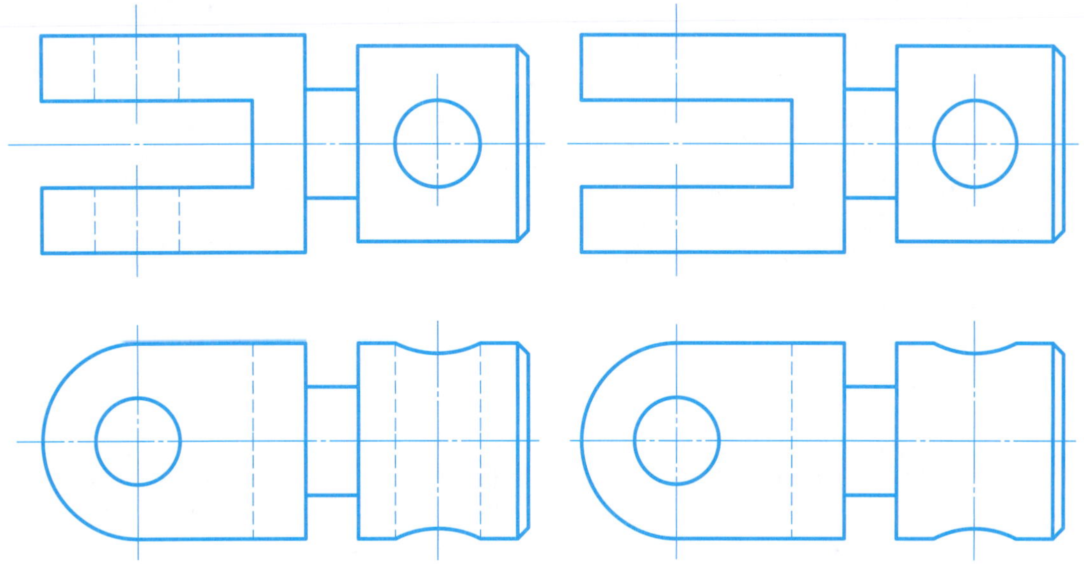

6-6-4 读懂主、俯视图，在给定位置作出局部剖视图。

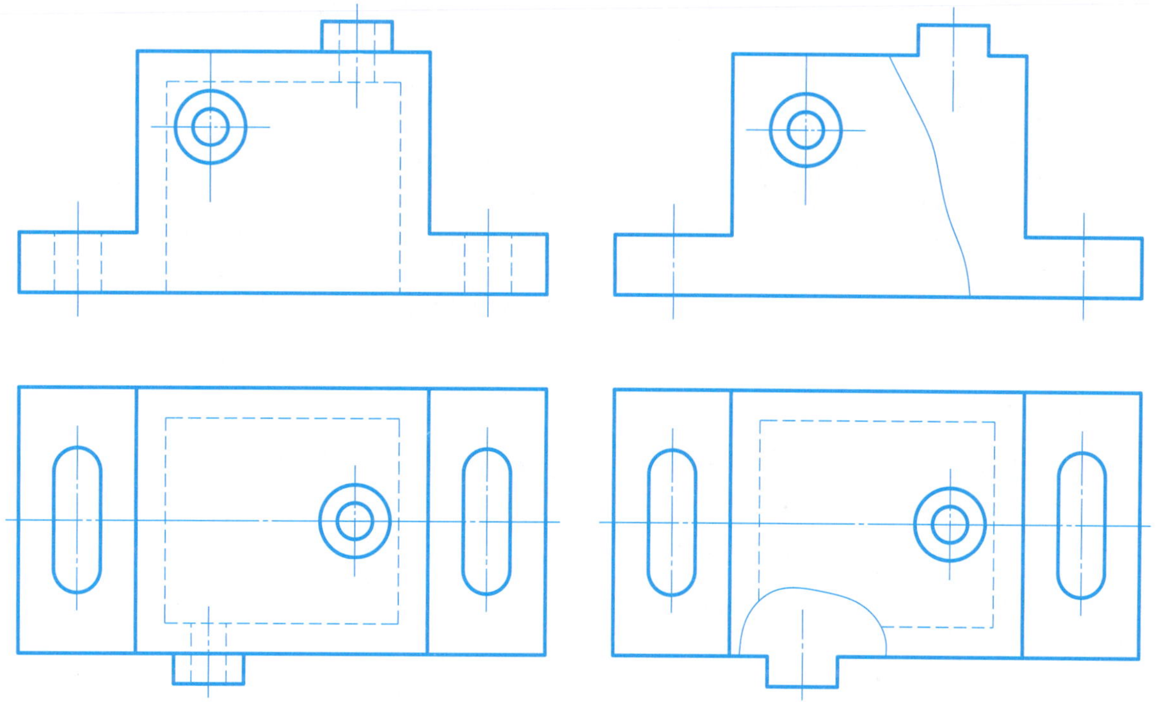

6-7 在指定位置将主视图改画成全剖视图，并进行标注　　班级　　姓名　　学号

6-7-1

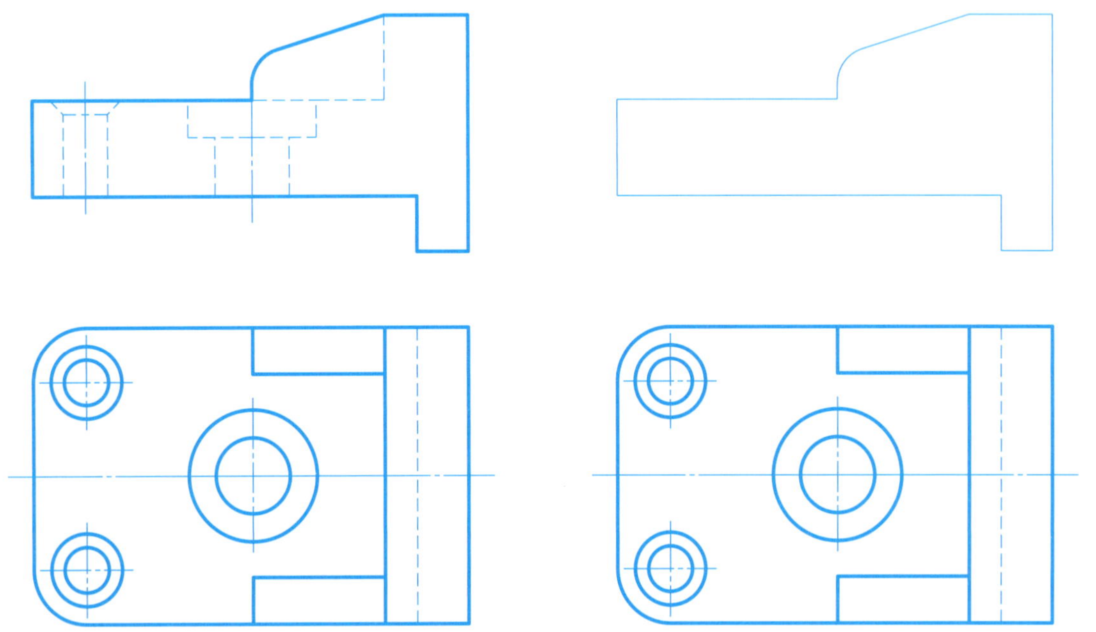

6-7-2

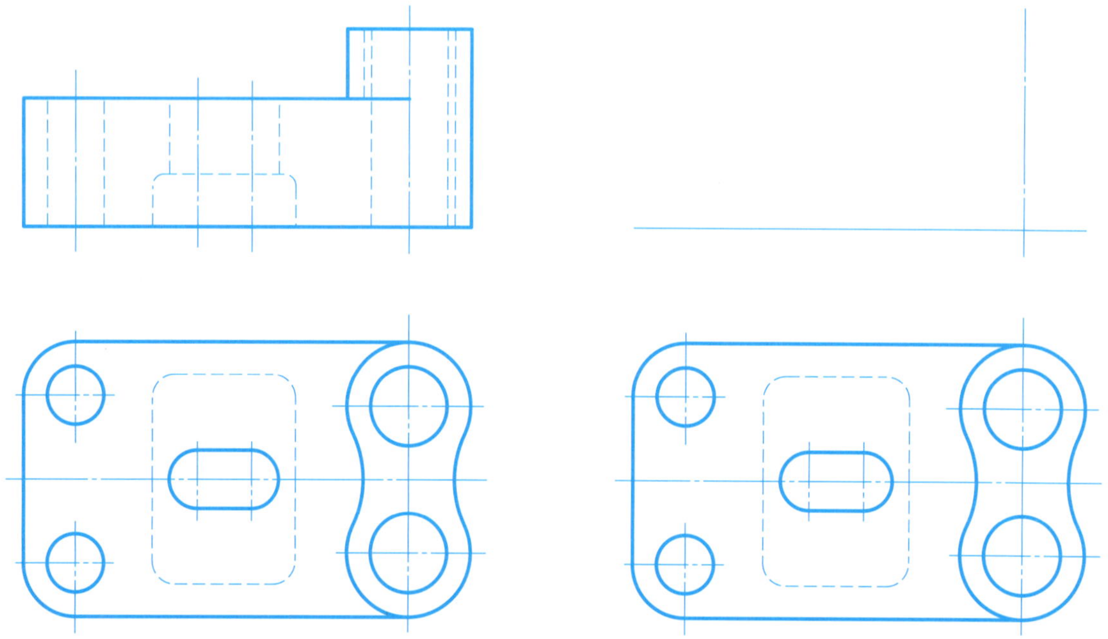

6-7-3

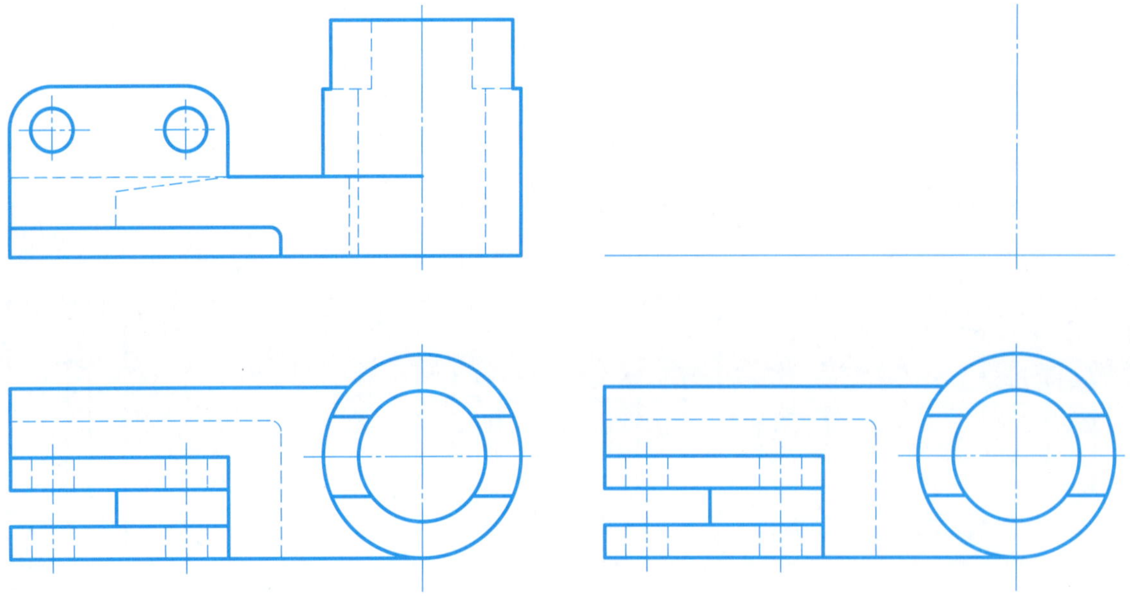

6-7-4

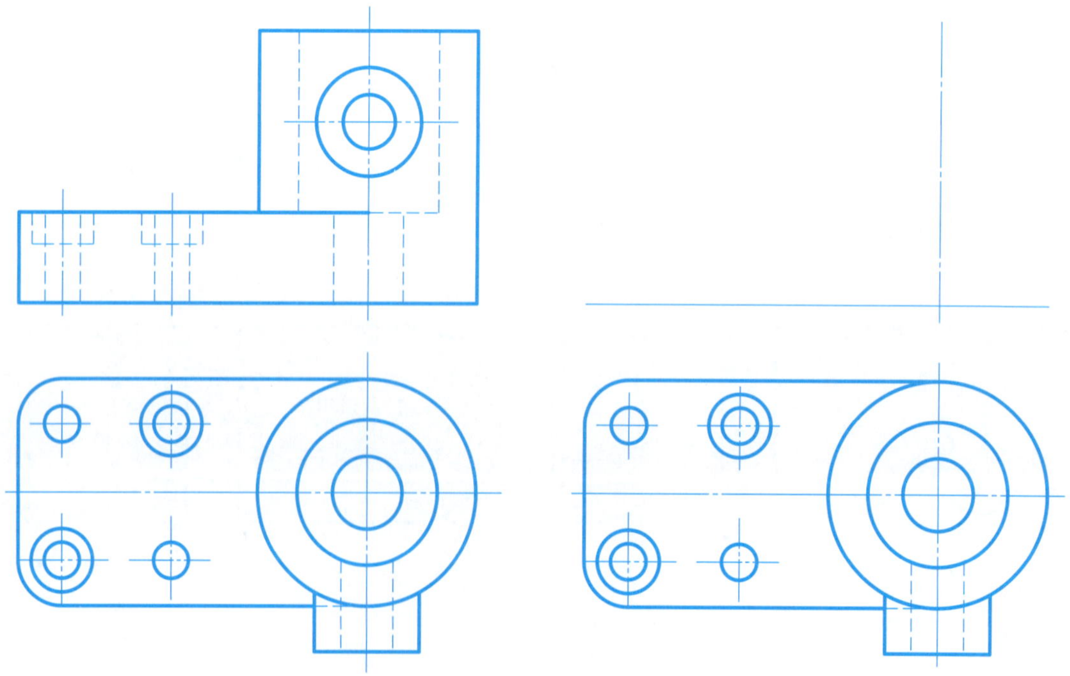

6-7　在指定位置将主视图改画成全剖视图，并进行标注

班级　　　　姓名　　　　学号

6-7-5

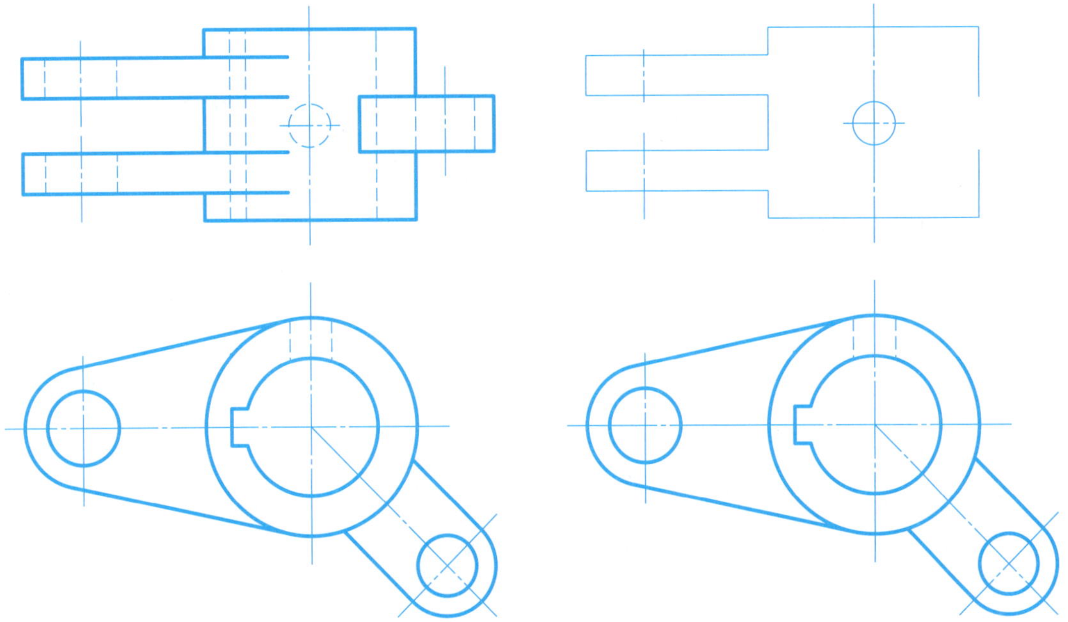

6-7-6

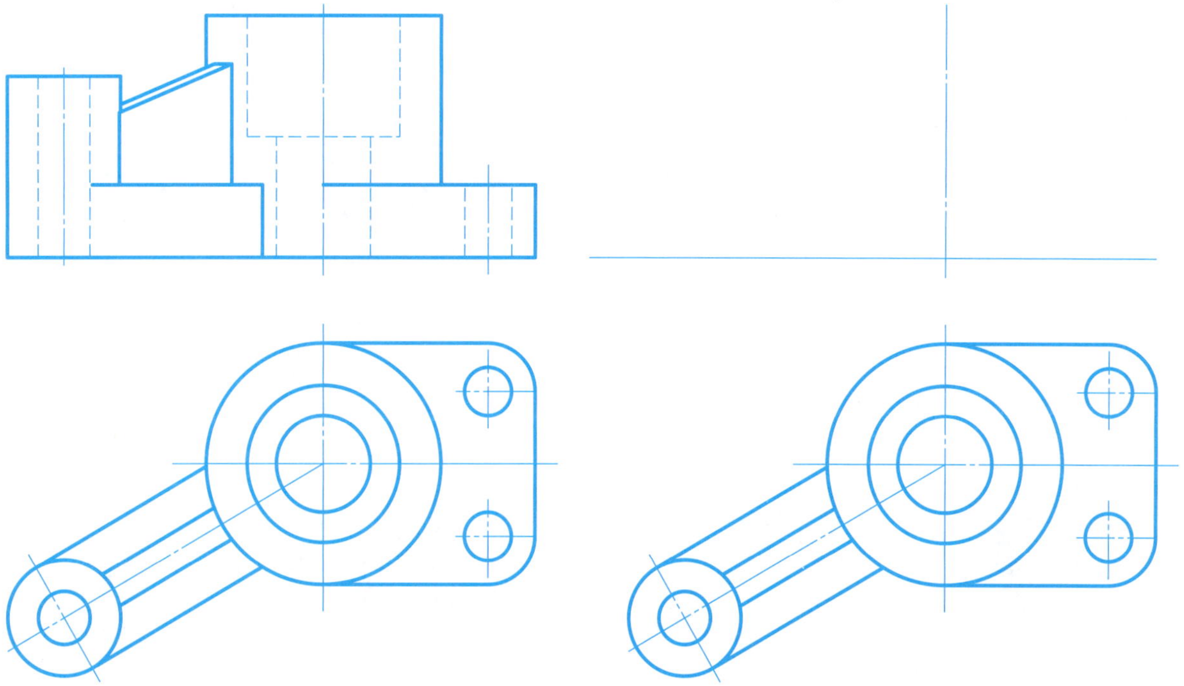

6-7-7

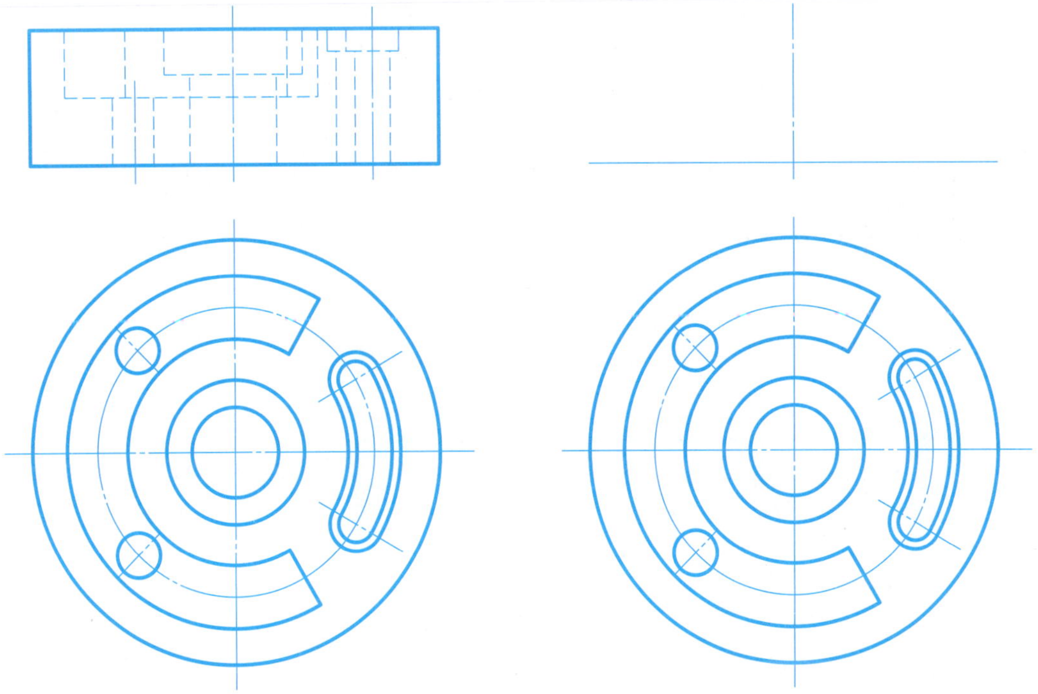

6-7-8

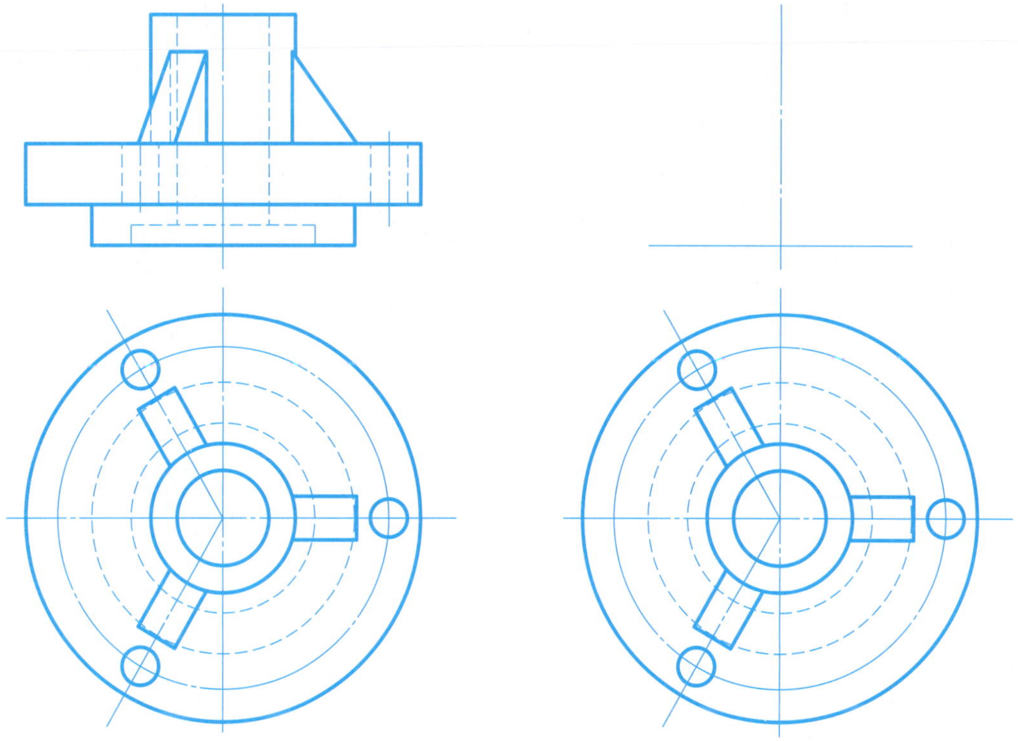

6-8 断面图

班级　　姓名　　学号

6-8-1 选择正确的移出断面图（在括号内画√）。

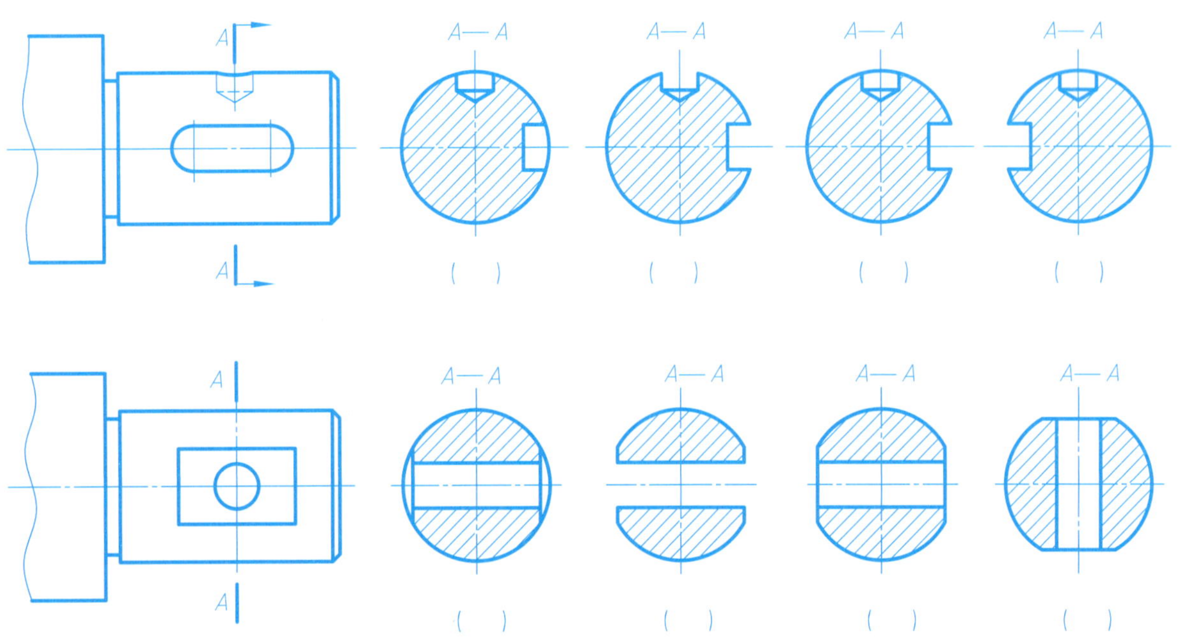

6-8-2 在指定位置画出断面图，并进行标注。

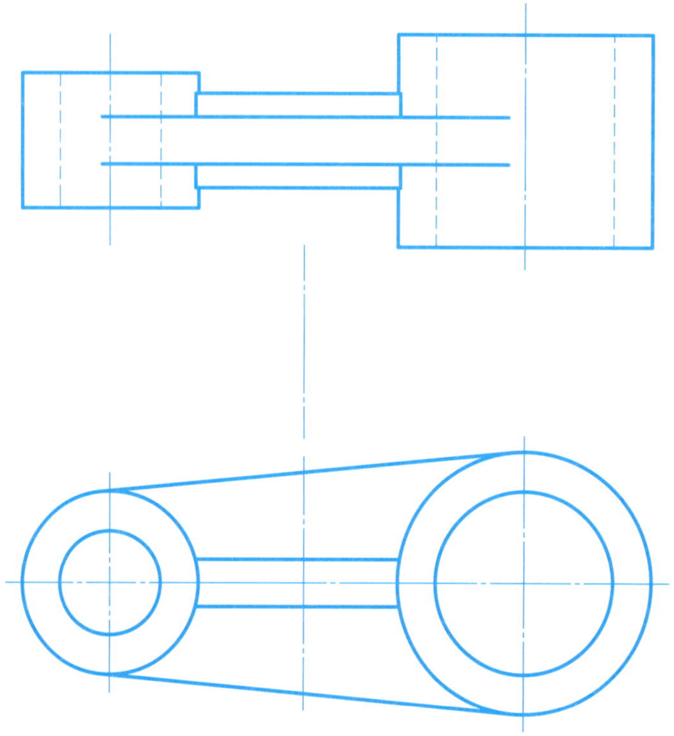

6-8-3 在指定位置画出断面图，并进行标注。

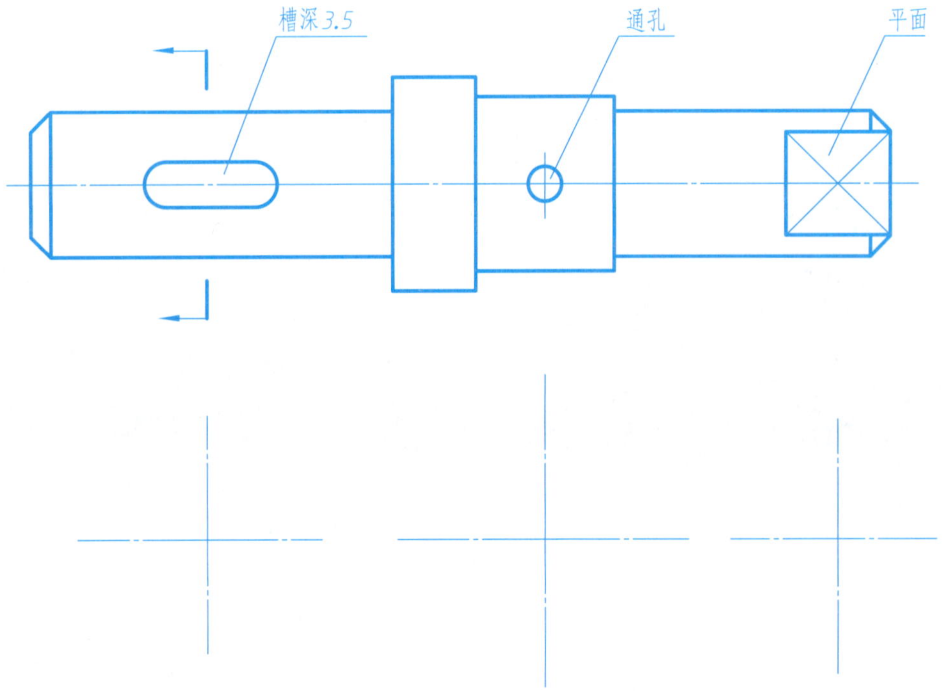

6-8-4 在适当的位置画出重合断面图，并进行标注。

6-9 机件的综合表达

班级　　　　姓名　　　　学号

根据机件的立体图，选择合适的表达方案绘制图样，并标注尺寸。

目的：

（1）培养综合运用各种表达方法表达机件的能力。

（2）掌握合理选用不同的剖视图表达机件的内、外结构形状。

（3）掌握国家标准规定的简化画法。

要求：

（1）图幅：A3 图纸；比例自定；合理布置视图。

（2）完整、清晰地表达机件的内、外结构形状。

（3）标注尺寸完整、清晰，符合国家标准规定。

6-9-1

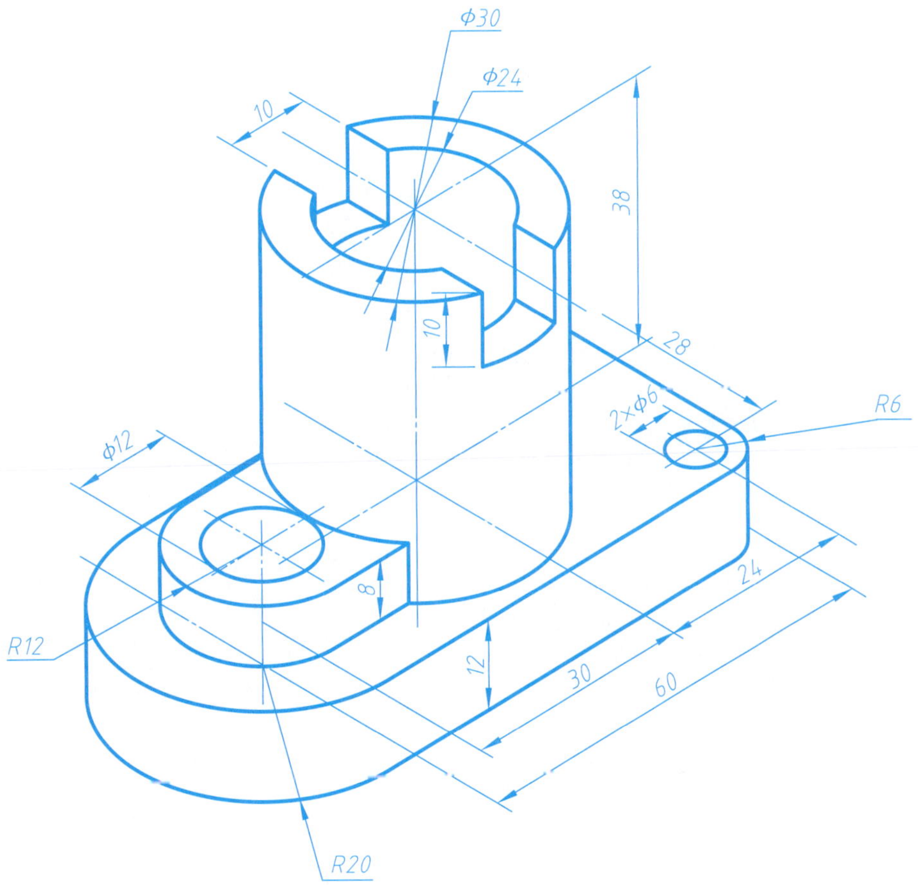

6-9-2

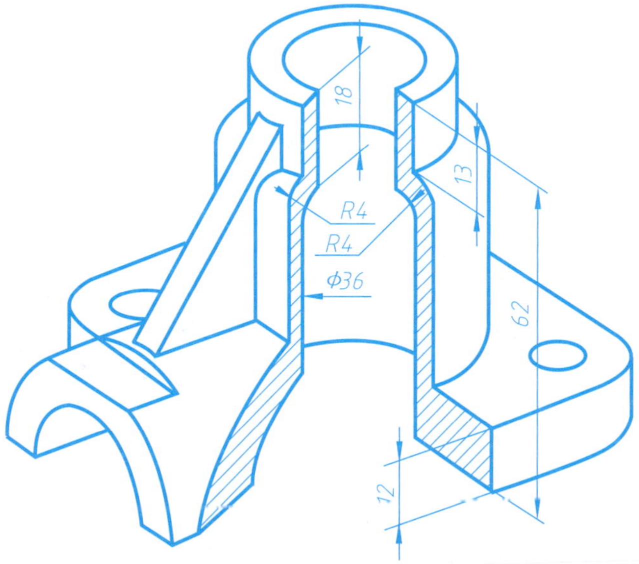

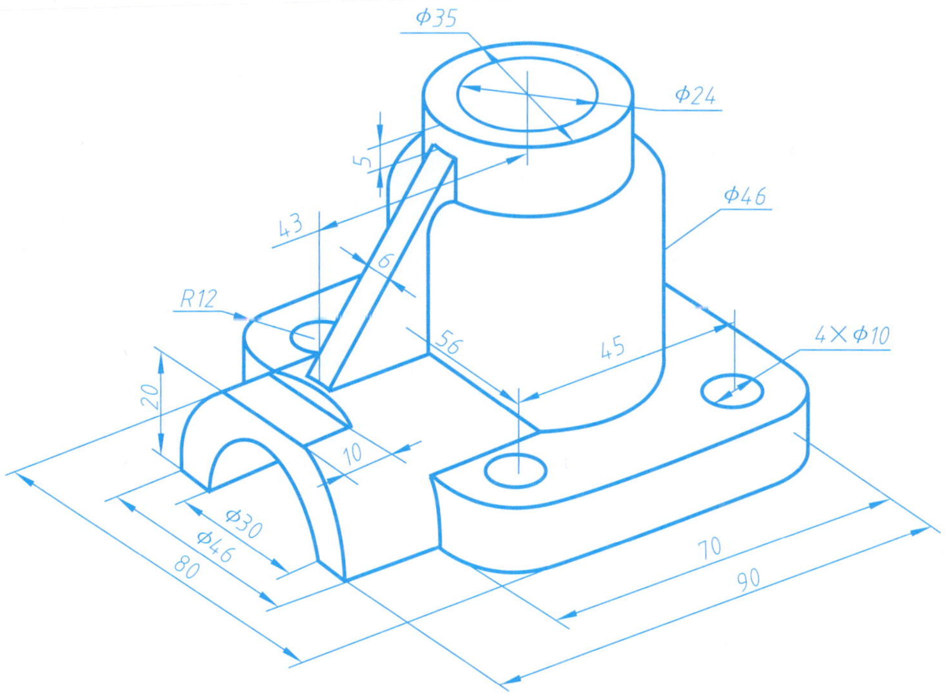

6-9 机件的综合表达

班级　　姓名　　学号

内容：根据所给机件的视图，选择合适的表达方案绘制图样，并标注尺寸。

目的：

（1）培养综合运用各种表达方法表达机件的能力。

（2）掌握合理选用不同的剖视图表达机件的内、外结构形状。

（3）掌握国家标准规定的简化画法。

要求：

（1）图幅：A3 图纸；比例自定；合理布置视图。

（2）完整、清晰地表达机件的内、外结构形状。

（3）标注尺寸完整、清晰，符合国家标准规定。

6-9-3

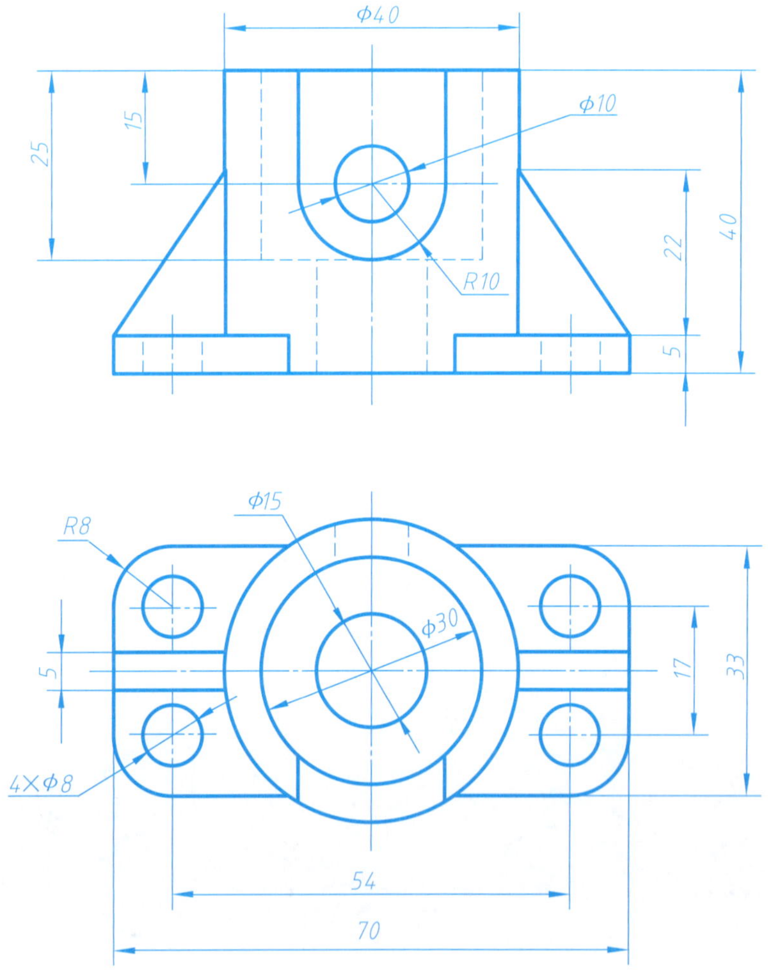

6-9-4

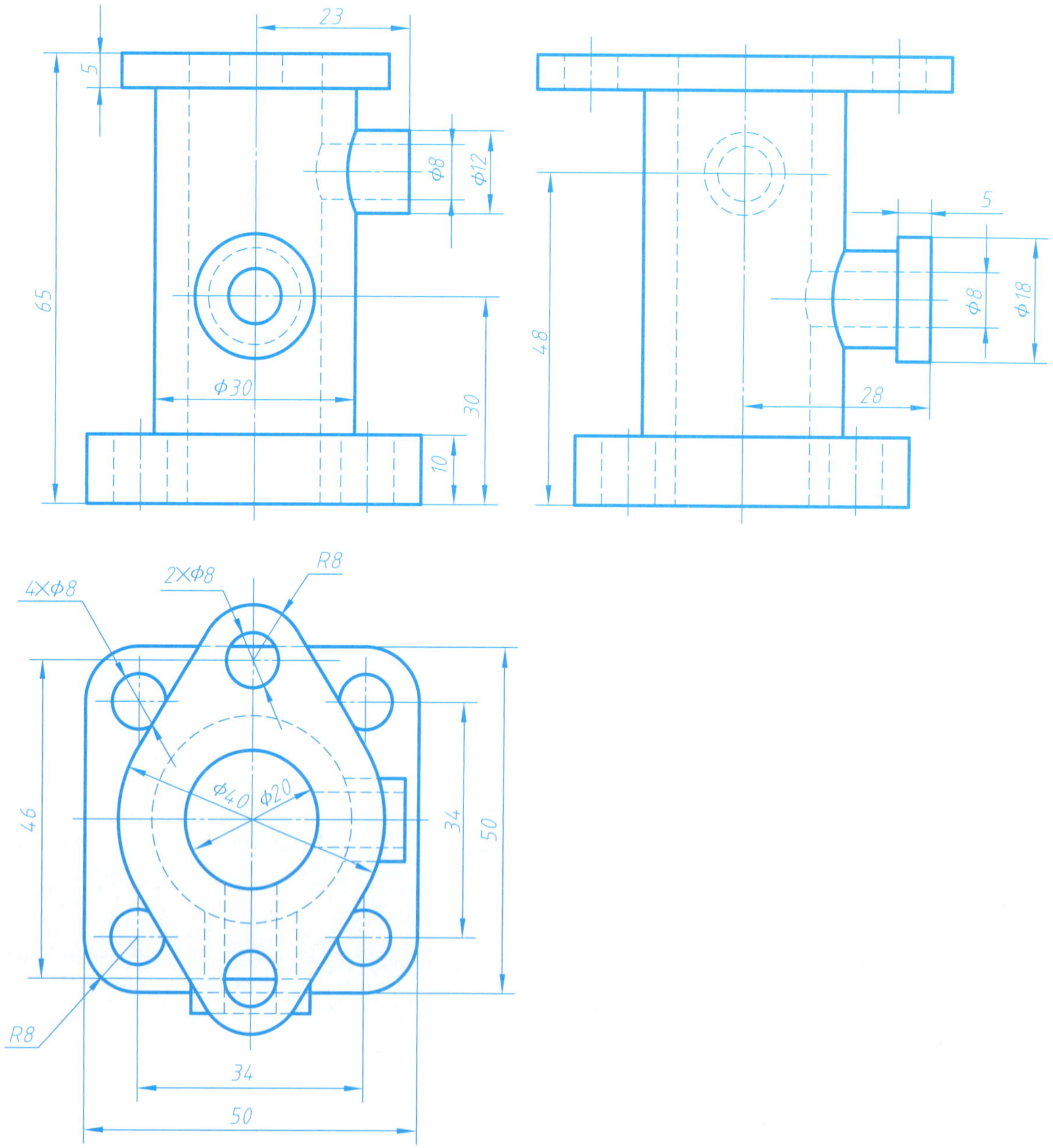

第 7 章　标准件和常用件

7-1　检查螺纹画法中的错误，按正确画法画在下面

班级　　　　姓名　　　　学号

7-1-1

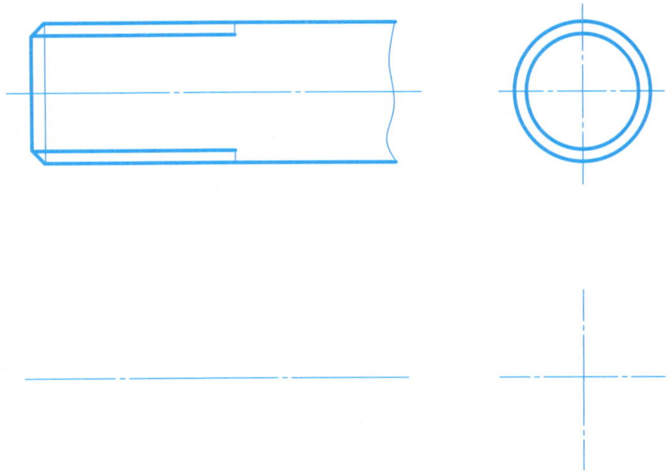

7-1-2

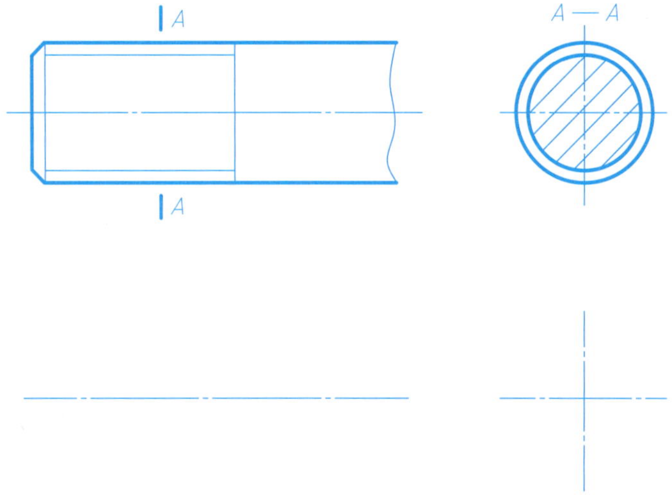

7-1-3

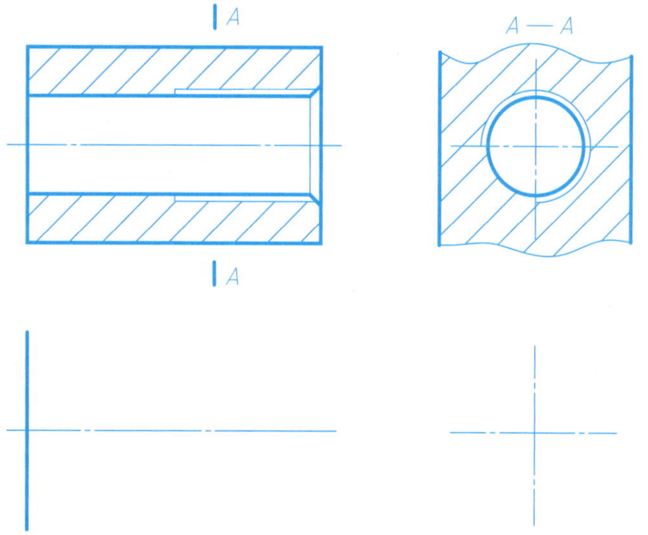

7-1-4

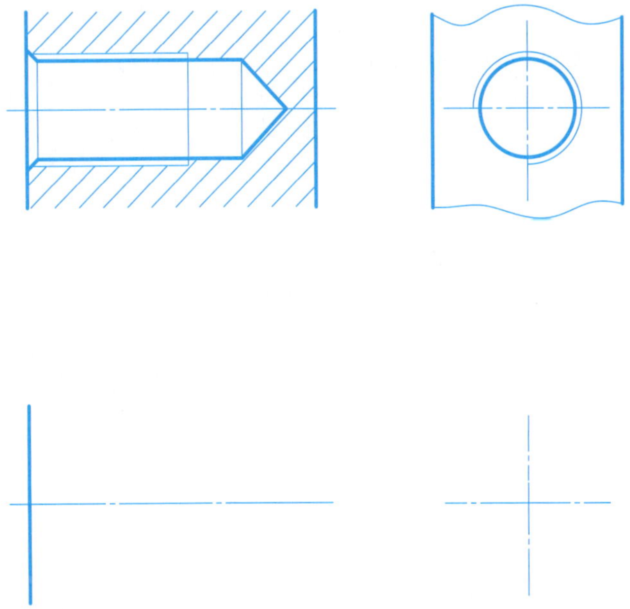

7-1-5

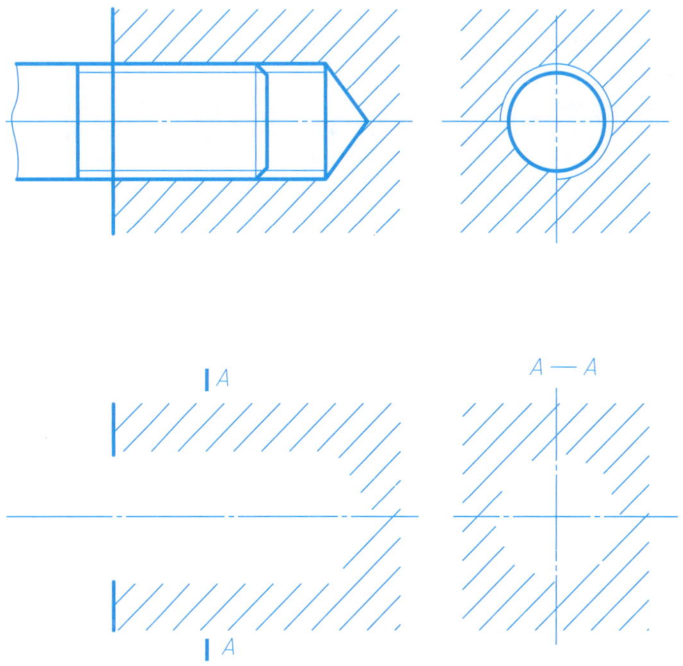

7-1-6

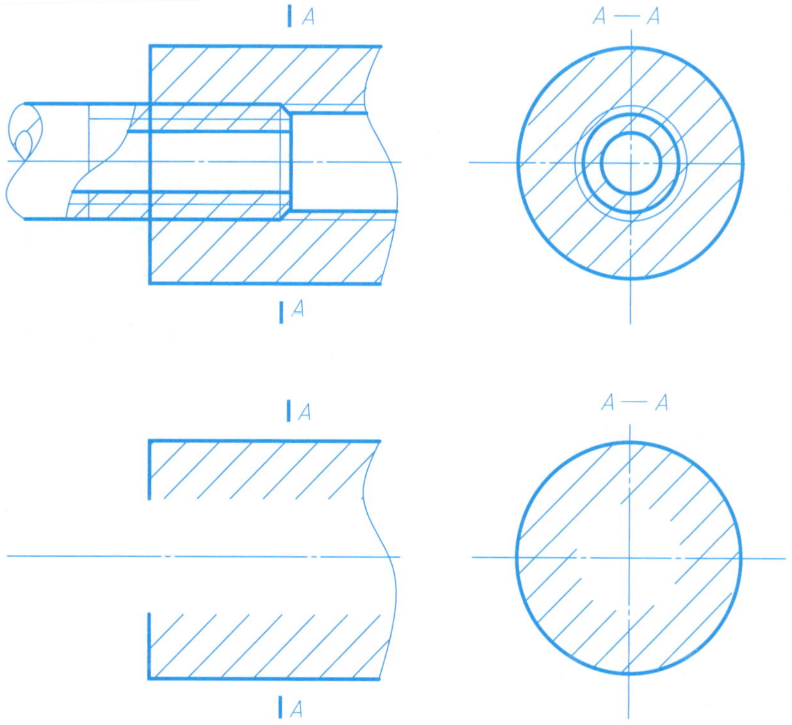

7-2 说明螺纹标记的意义，逐项填入表内

班级　　姓名　　学号

7-2-1

标记	螺纹种类	公称直径	导程	螺距	线数	公差带代号	旋向	旋合长度
M10-6H								
M20×Ph3P1.5-6g								
M20×2-5g6g-S-LH								
Tr40×14(P7)LH-8e-L								
B32×6-7H								

7-2-2

标记	螺纹种类	尺寸代号	螺纹大径	螺纹小径	旋向
G1/2A-LH					
Rc3/4					
Rp1					
G1¼A					
R1¼LH					

7-3 在下列各图中标注螺纹的规定标记

班级　　　　　姓名　　　　　学号

7-3-1 细牙普通螺纹，公称直径为 16mm，螺距为 1.5mm，右旋，中径和顶径的公差带为 6e。

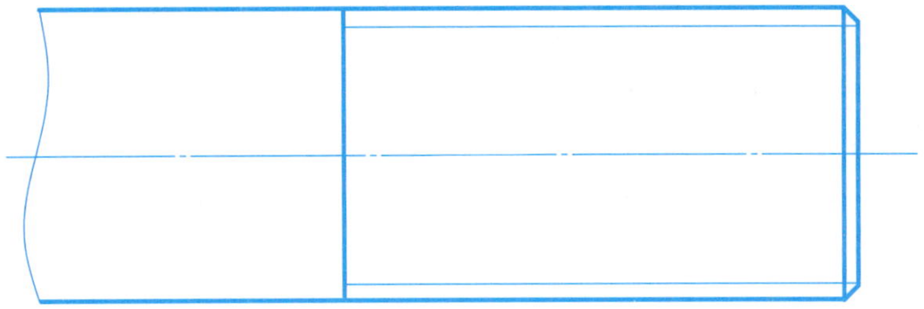

7-3-2 细牙普通螺纹，公称直径为 16mm，螺距为 1.5mm，右旋，中径和顶径的公差带为 7H。

7-3-3 梯形螺纹的公称直径为 40mm，导程为 14mm，螺距为 7mm，双线，左旋，中径公差带代号为 7e，中等组旋合长度。

7-3-4 普通螺纹，公称直径为 24mm，导程为 3mm，螺距为 1.5mm，左旋，中径和顶径的公差带相同为 7H，旋合长度为长组。

7-3-5 非密封管螺纹，尺寸代号为 1，左旋。

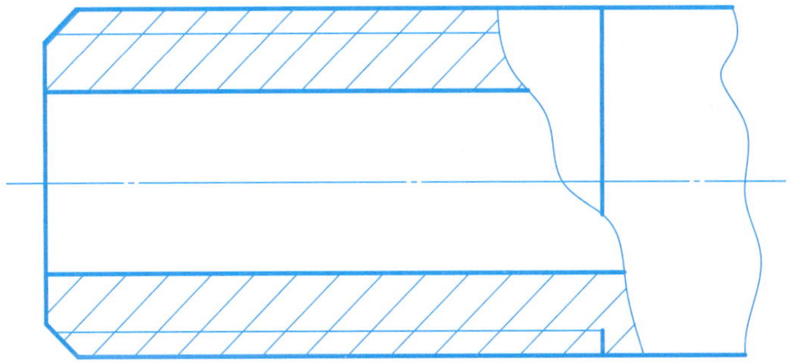

7-3-6 螺纹密封圆锥管螺纹，尺寸代号为 1/2，右旋。

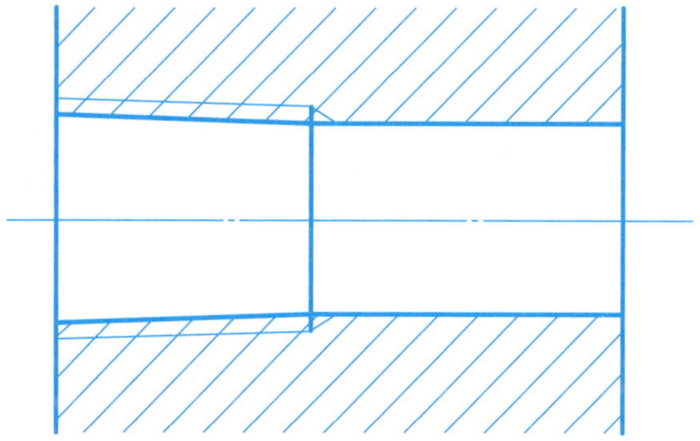

7-4 绘制螺纹紧固件的连接图

班级　　　　姓名　　　　学号

7-4-1 已知螺栓 GB/T 5782 M20×L，垫圈 GB/T 97.1 20，螺母 GB/T 6170，板厚 $\delta_1=\delta_2=20$mm，通过计算，查阅标准，确定螺栓长度，绘制螺栓连接的三视图（主视图全剖）。

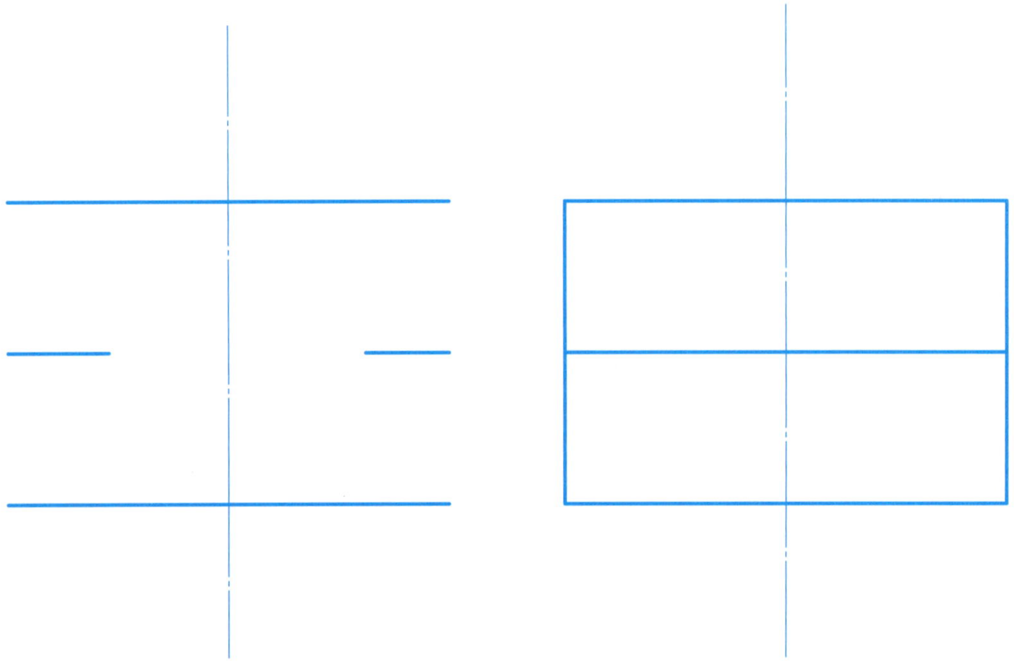

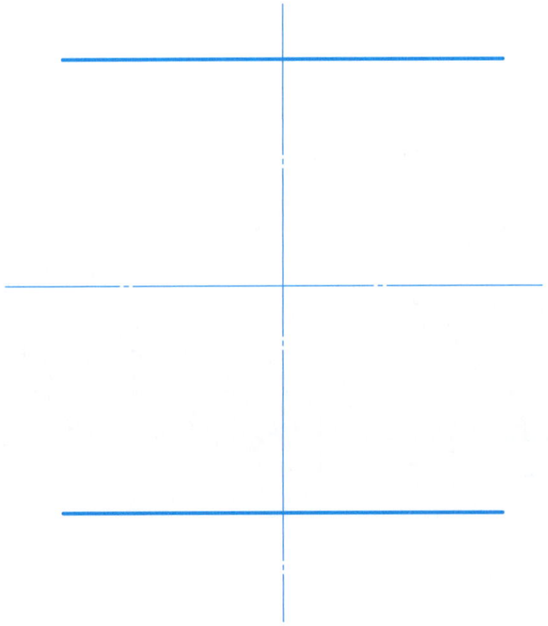

计算：$L_1=$

查标准：$L_2=$

7-4-2 已知双头螺柱 GB/T 898 M20×L，弹簧垫圈 GB/T 9320，螺母 GB/T 6170，上板厚 $\delta_1=20$mm，通过计算，查阅标准，确定双头螺柱长度，绘制双头螺柱连接的三视图（主视图全剖）。

计算：$L_1=$

查标准：$L_2=$

7-5 分析螺钉连接和双头螺柱连接视图中的错误，并把正确的连接图画在指定位置

班级　　　　姓名　　　　学号

7-5-1

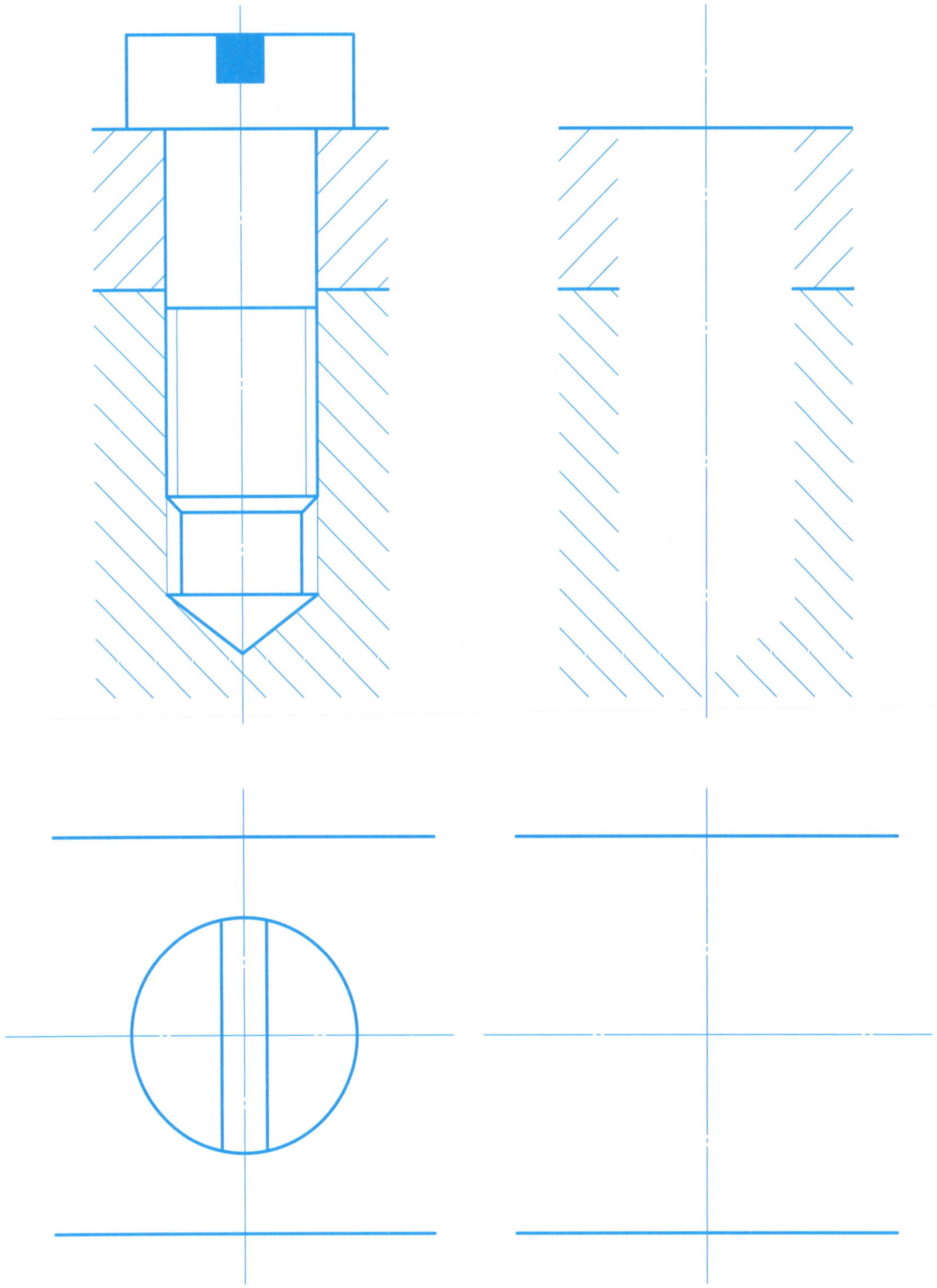

7-5-2

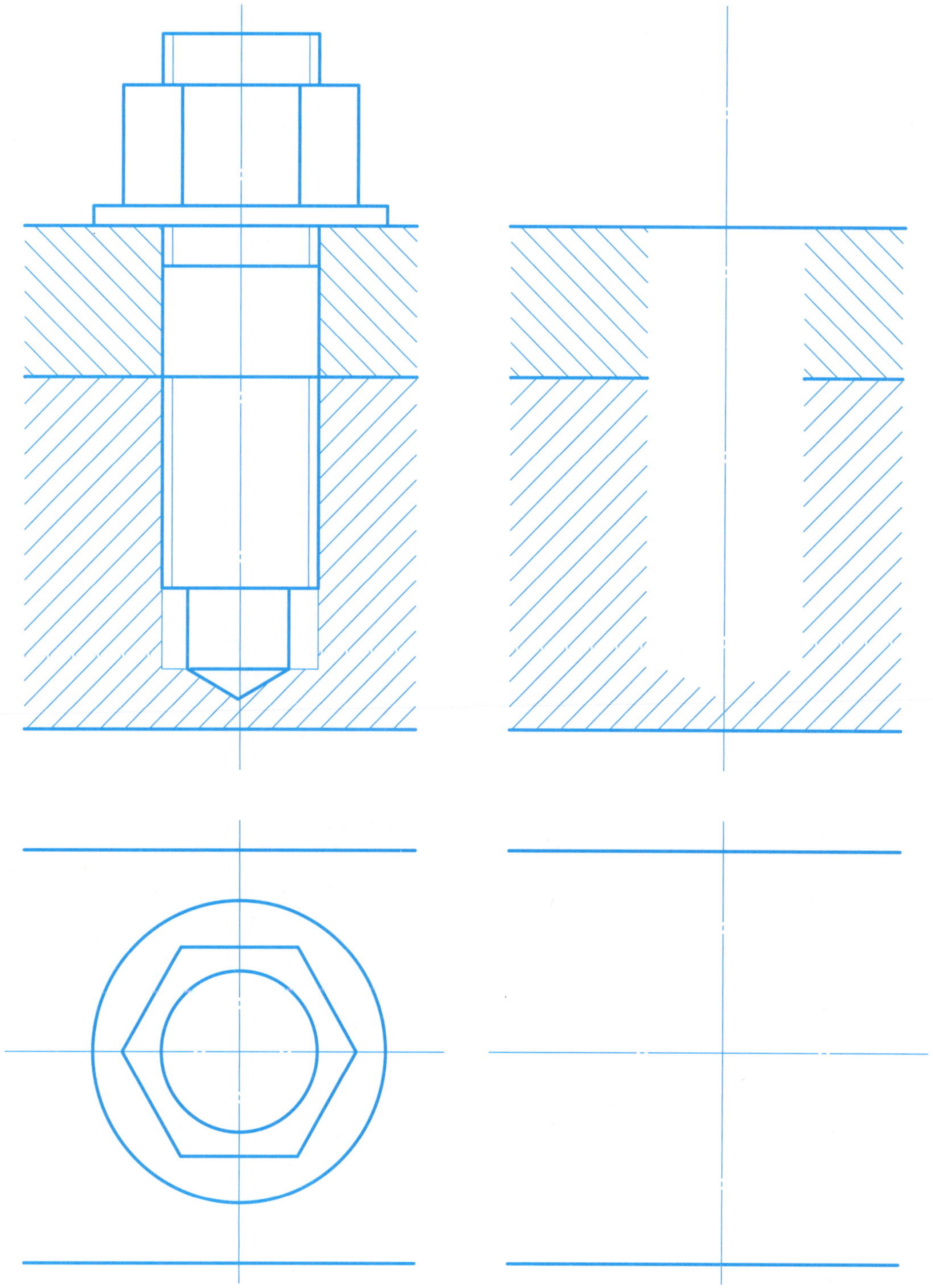

7-6　完成齿轮投影视图

班级　　　　姓名　　　　学号

7-6-1　将直齿圆柱齿轮补画完整并标注尺寸（比例 1：1，轮齿部分根据计算确定，其他尺寸由图中量取整数）。

齿数 $Z=36$ 模数 $m=2.5$ 齿形角 $\alpha=20°$

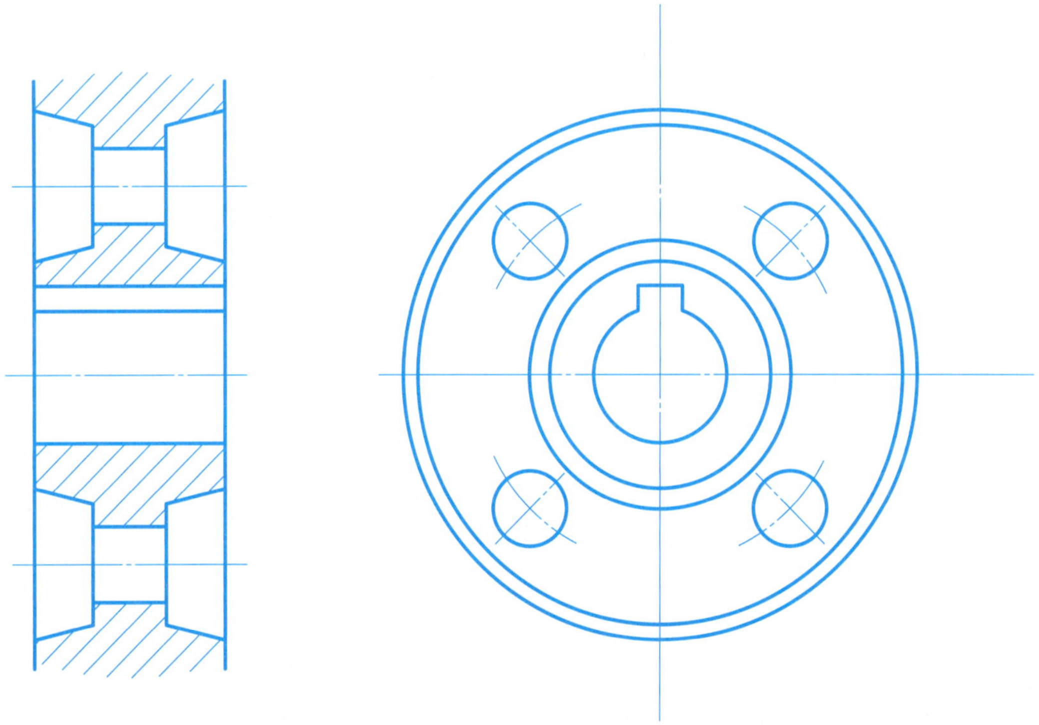

$d=$ ______

$d_a=$ ______

$d_f=$ ______

7-6-2　已知直齿圆柱齿轮模数 $m=3$，小齿轮 $Z_1=14$，中心距 $a=60$mm，求两个齿轮的分度圆、齿顶圆和齿根圆直径，并补画主、左视图中漏画的轮齿部分图线，完成齿轮啮合的视图。

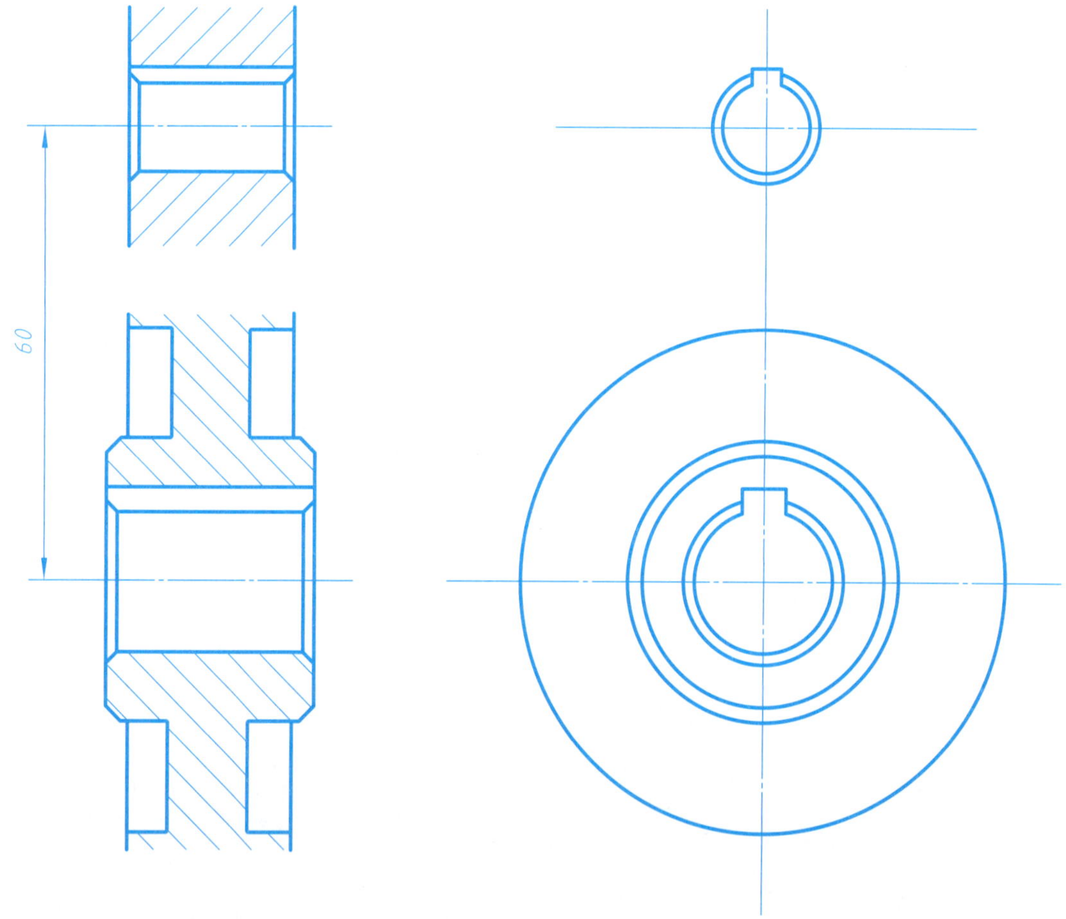

小齿轮主要尺寸：

$d_1=$ ______

$d_{a1}=$ ______

$d_{f1}=$ ______

大齿轮主要尺寸：

$d_2=$ ______

$d_{a2}=$ ______

$d_{f2}=$ ______

7-7-1 查表确定键槽尺寸，绘制轴的断面图 *A*—*A*，并标注键槽尺寸。

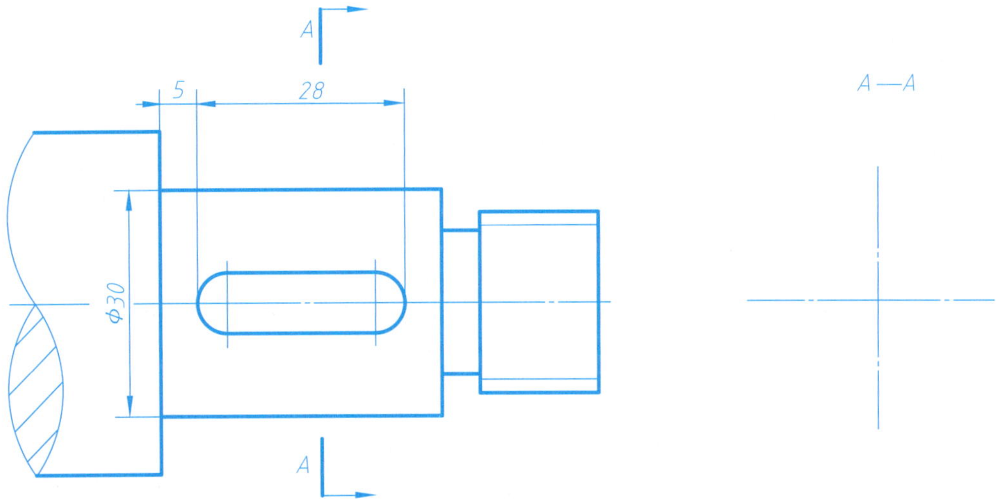

7-7-2 绘制与 7-7-1 中轴配合的齿轮轮毂部分的局部视图 *A*，补全主视图，并标注键槽尺寸（查表确定键槽尺寸）。

7-7-3 用 A 型普通平键（8×7×28）将轴和齿轮连接，补全键连接部分的主视图和 *A*—*A* 断面图，写出键的规定标记。

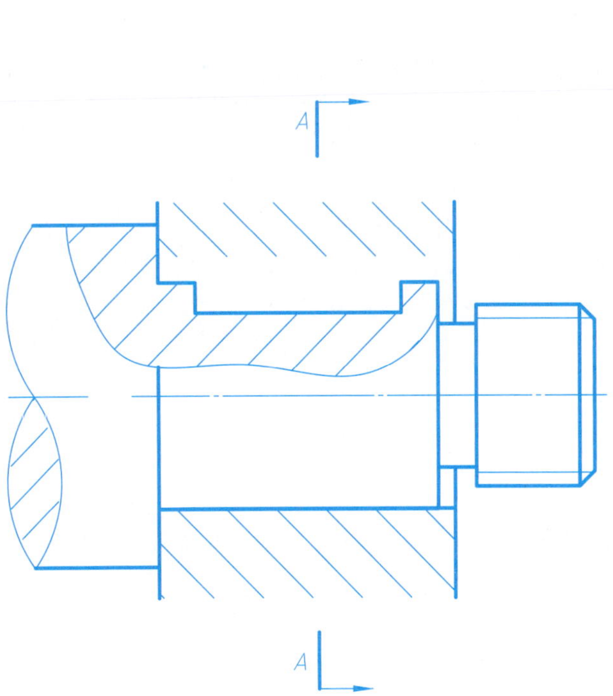

规定标记：________________

7-7-4 读半圆键连接图，判断剖视图 *A*—*A* 的正误，正确画“√”，错误画“×”。

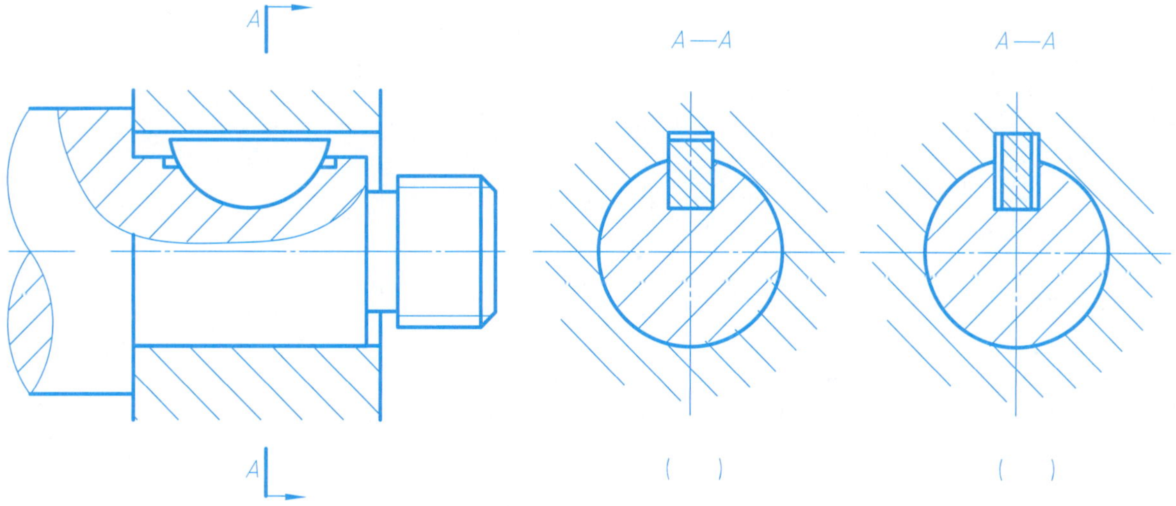

7-8　完成销连接、轴承、弹簧的视图

班级　　　　姓名　　　　学号

7-8-1　绘制 $\phi 8$ 圆柱销的连接图，并写出选用圆柱销的规定标记。

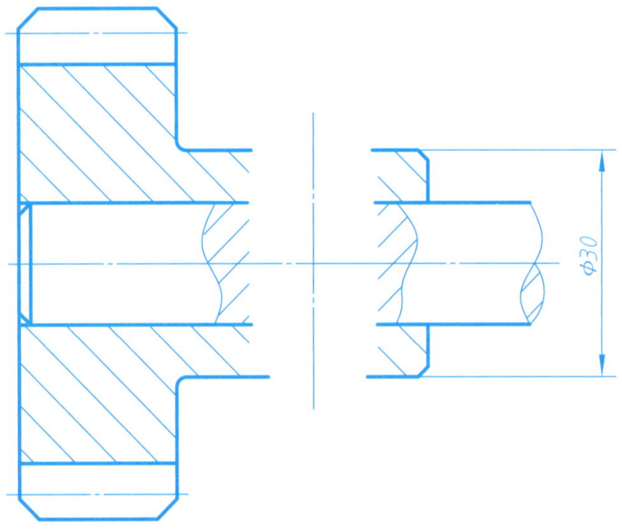

规定标记：______________

7-8-2　绘制 $\phi 8$ 圆锥销的连接图，并写出选用圆锥销的规定标记。

规定标记：______________

7-8-3　用规定画法绘制滚动轴承的另一侧。

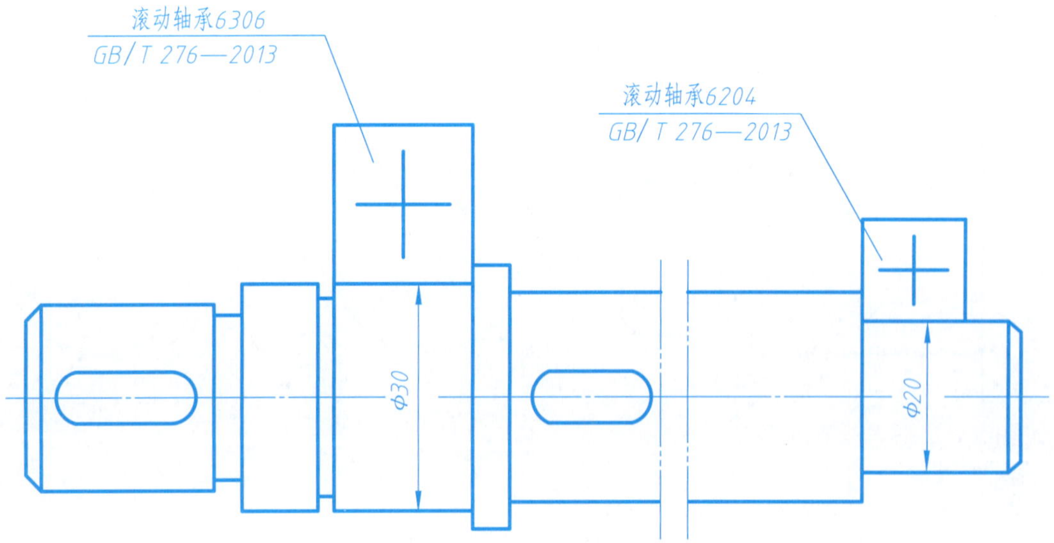

7-8-4　右旋圆柱螺旋压缩弹簧，线径 $d=6\text{mm}$，中径 $D=38\text{mm}$，节距 $t=11.8\text{mm}$，有效圈 $n=6.5$，支承圈 $n_2=2.5$，按照 1∶1 的比例绘制弹簧的剖视图。

第8章 零 件 图

8-1 根据轴测图，选择合理的表达方法，绘制零件图（比例自定）

班级 姓名 学号

8-1-1 绘制轴的零件图。键槽深度尺寸可查阅教材附录或相关标准。

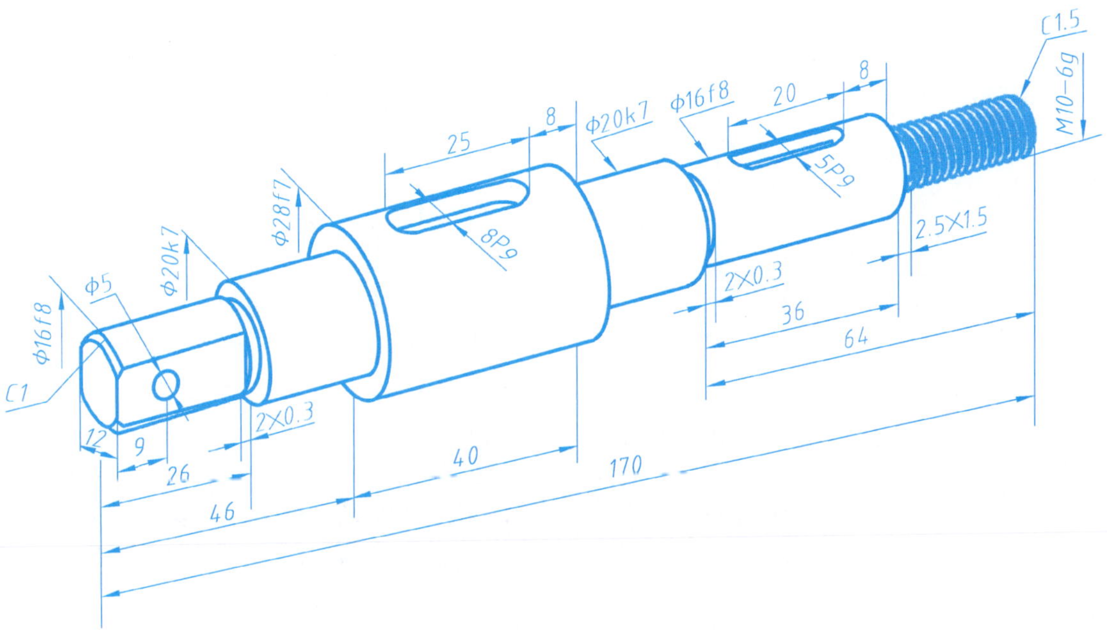

技术要求（图中标注）

1. 5P9 和8P9 键槽对称中心平面分别对Φ16f8圆柱轴线和Φ28f8圆柱轴线的对称度公差应限定在间距为0.02的两平行平面之间;

2. Φ28f8和Φ16f8 圆柱轴线对两处Φ20k7圆柱轴线的同轴度公差应限定在直径等于Φ0.04的圆柱面内;

3 Φ28f8圆柱端面对该段轴线的圆跳动公差应限定在轴向距离等于0.02 的两个等圆之间。

轴	材料	比例	数量	（图号）
	45	1:1	1	
制图	（日期）	（单位名称）		
审核	（日期）			

8-1-2 绘制阀盖的零件图。

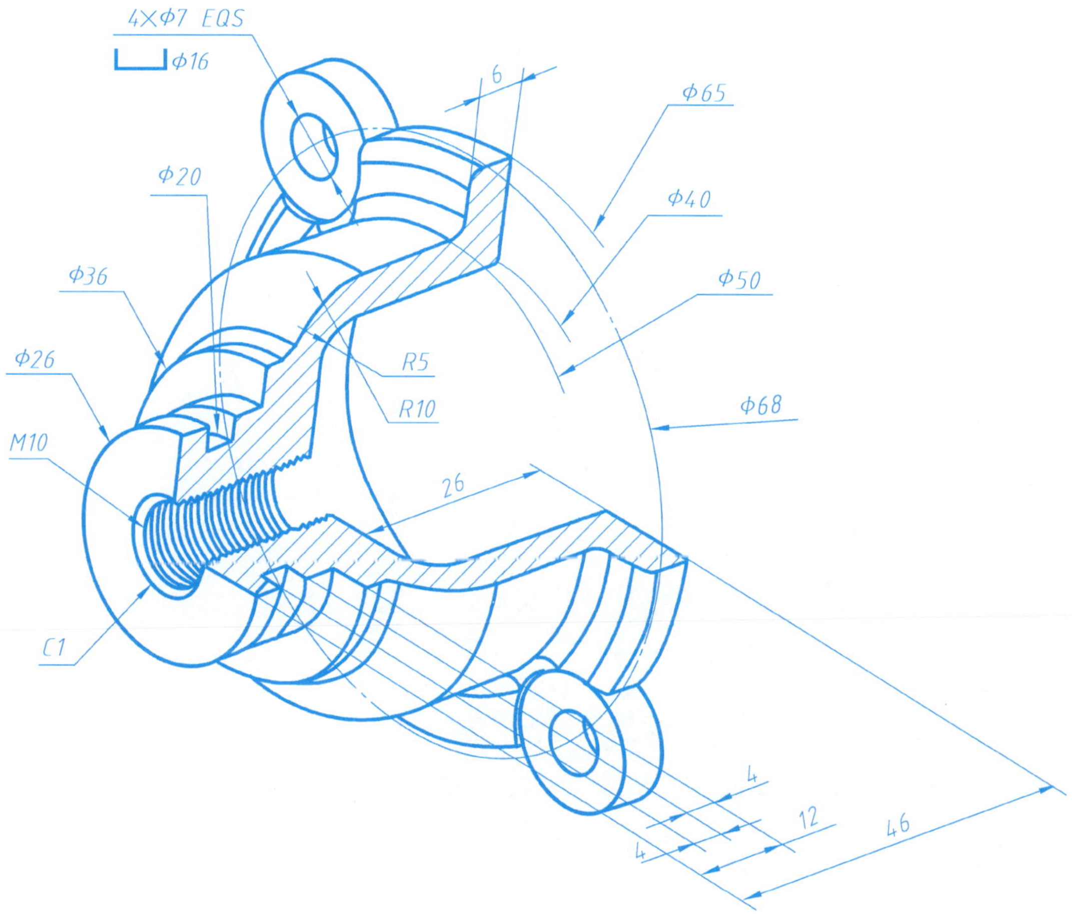

技术要求
未注圆角R2。

阀盖	材料	比例	数量	（图号）
	ZL101	1:1	1	
制图	（日期）	（单位名称）		
审核	（日期）			

8-1　根据轴测图，选择合理表达方法，绘制零件图（比例自定）　　班级　　姓名　　学号

8-1-3　绘制支架的零件图。

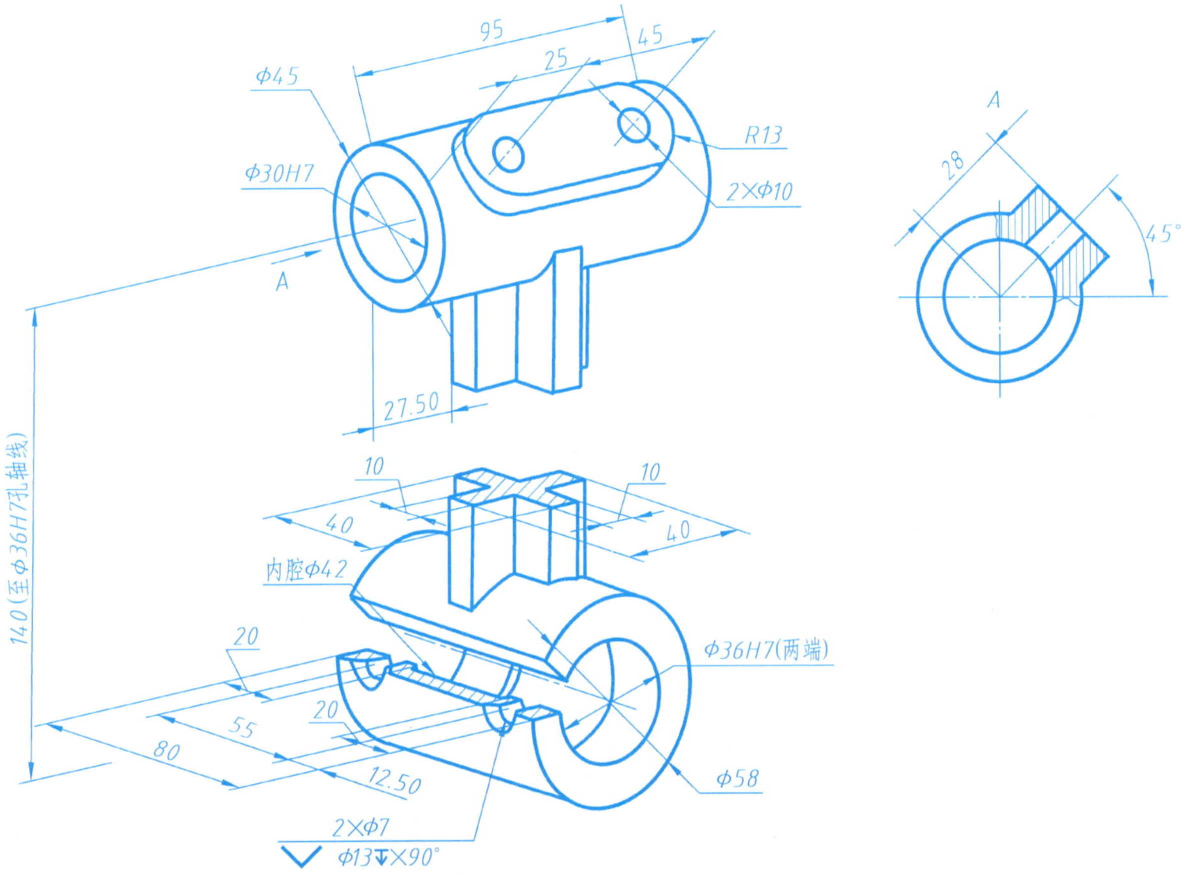

技术要求

未注圆角R2～R3。

支架	材料	比例	数量	(图号)
	HT150	1:1	1	
制图		(日期)	(单位名称)	
审核		(日期)		

8-1-4　绘制阀体的零件图。

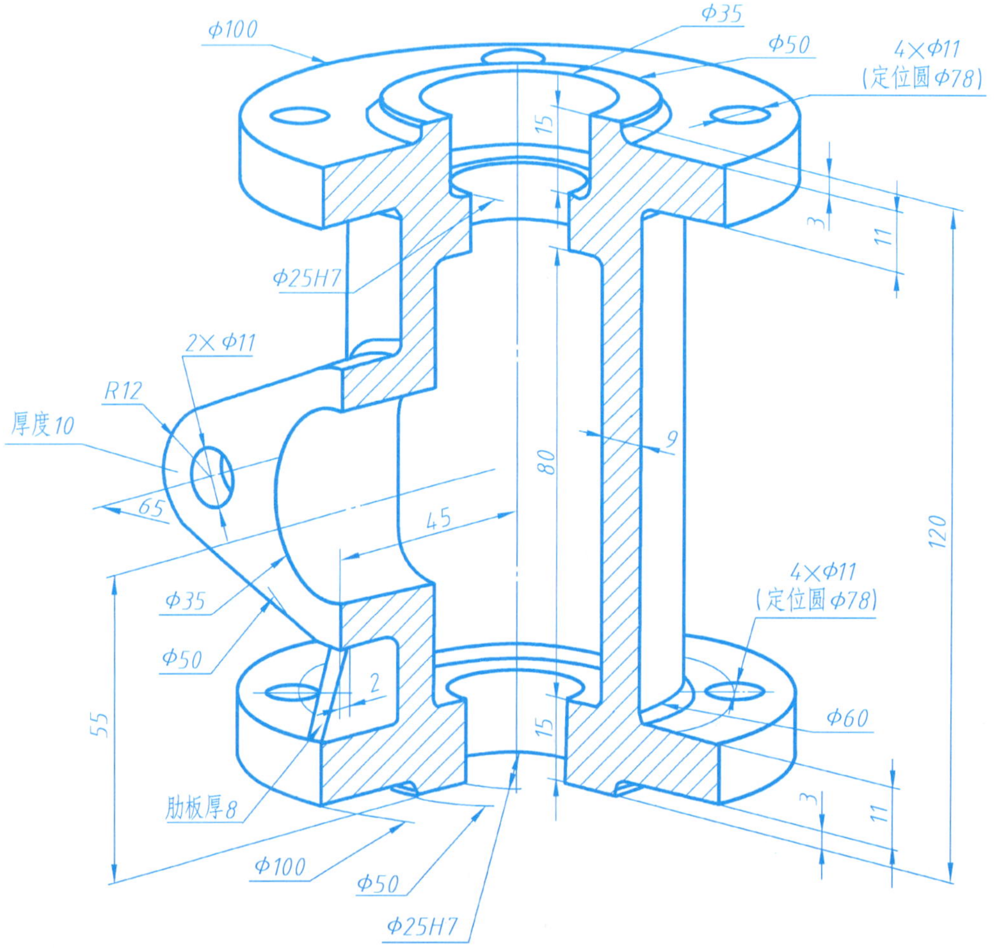

技术要求

1.Φ25H7(上端)圆柱轴线对Φ25H7(下端)圆柱轴线的同轴度公差应限定在直径等于Φ0.01的圆柱面内;

2.未注圆角R2～R3。

阀体	材料	比例	数量	(图号)
	HT200	1:1	1	
制图		(日期)	(单位名称)	
审核		(日期)		

8-2 表面结构的标注与识读

班级　　　　姓名　　　　学号

8-2-1 在下图的各个表面，用去除材料的方法加工，*Ra* 的上限值均为 3.2μm。

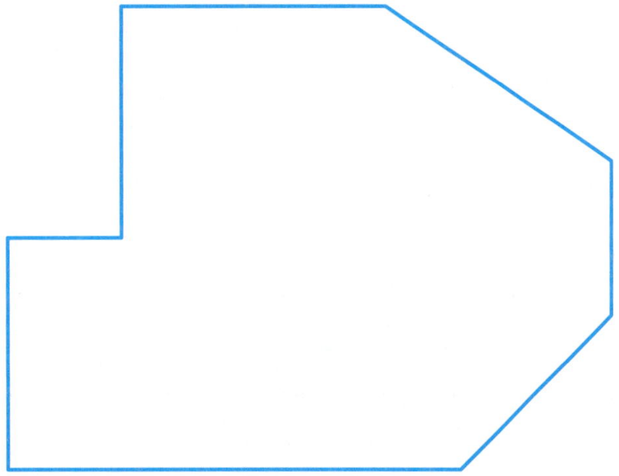

8-2-2 根据所给 *Ra* 值标注图中零件相关表面结构代号。

表面	*A*	*B*	*C*	*D*	其余
Ra/μm	6.3	3.2	1.6	0.8	12.5

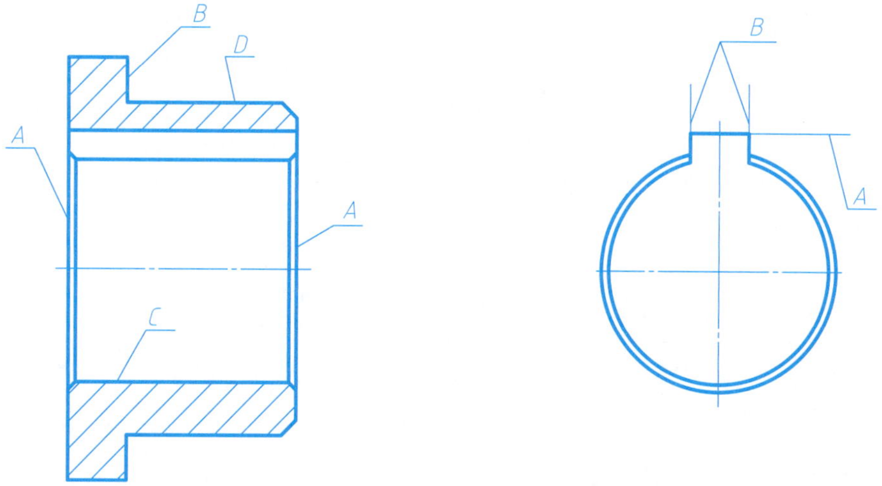

8-2-3 根据图中给出的 *Ra* 值，在表中填写相关表面的表面结构参数值。

表面	φ35 左端面	φ21 外圆面	*M*16 外圆面	键槽底面	键槽侧面	其余
Ra/μm						

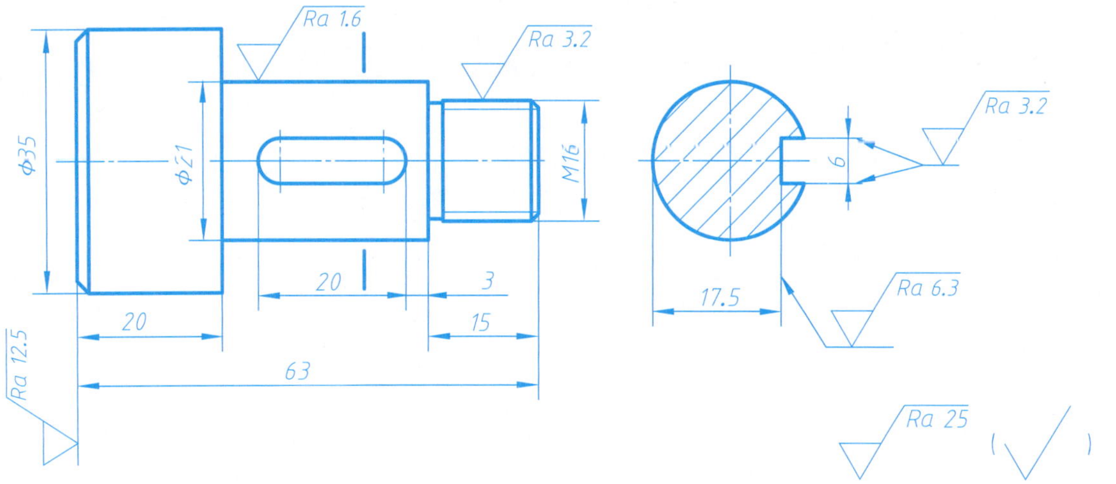

8-2-4 根据表中给出的 *Ra* 值，在图中标注表面结构代号。

表面	*A*	*B*	*C*	其余
Ra/μm	6.3	3.2	1.6	不加工

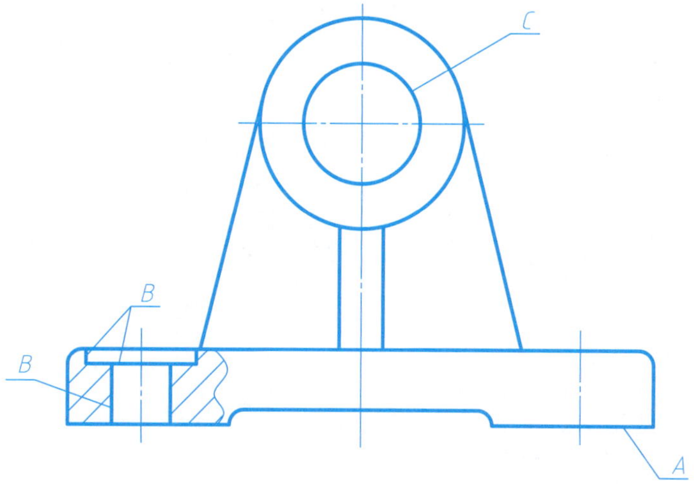

8-3-1 根据图中所标注的尺寸填写表格。

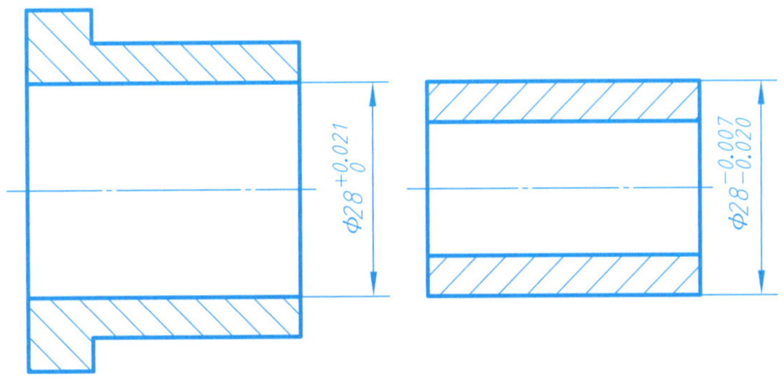

项目	孔	轴
公称尺寸		
上极限尺寸		
下极限尺寸		
上极限偏差		
下极限偏差		
尺寸公差		

8-3-2 根据装配图上的尺寸标注，查表后分别在零件图上标注出相应的公称尺寸、公差带代号和极限偏差，并解释配合代号的意义。

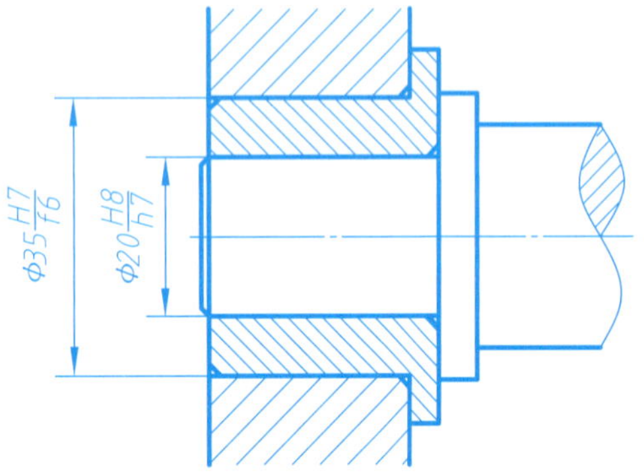

$\Phi35\frac{H7}{f6}$ ________________________________
____
____

$\Phi20\frac{H8}{h7}$ ________________________________
____
____

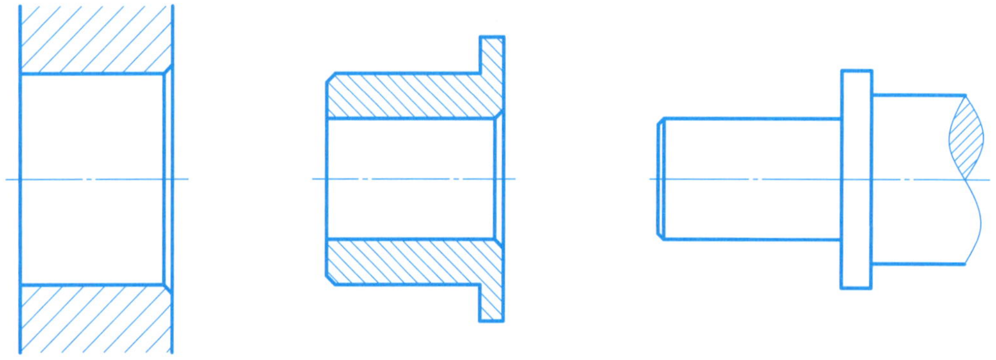

8-3-3 根据装配图中所标注的配合代号，说明其配合的基准制、配合种类，并分别在相应的零件图上标注其公称尺寸、公差带代号和极限偏差。

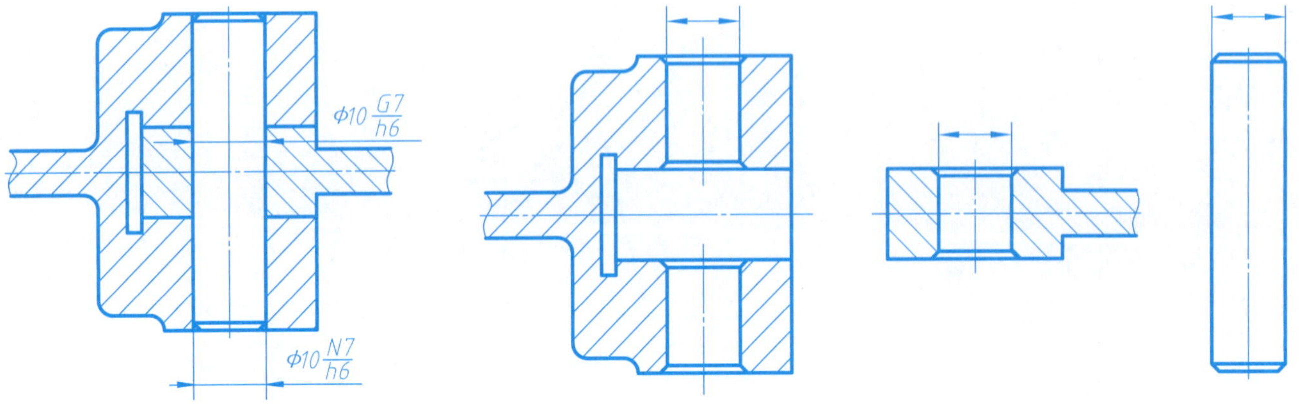

$\Phi10\frac{G7}{h6}$ 基准制：__________，配合种类：__________。

$\Phi10\frac{N7}{h6}$ 基准制：__________，配合种类：__________。

8-4　几何公差的标注与识读

班级　　　　姓名　　　　学号

8-4-1　圆柱 $\phi30$ 轴线的直线度公差为 0.1，在图中标注其几何公差代号。

8-4-2　圆柱孔 $\phi12$ 轴线相对于圆柱孔 $\phi18$ 轴线的平行度公差为 $\phi0.03$，在图中标注其几何公差代号。

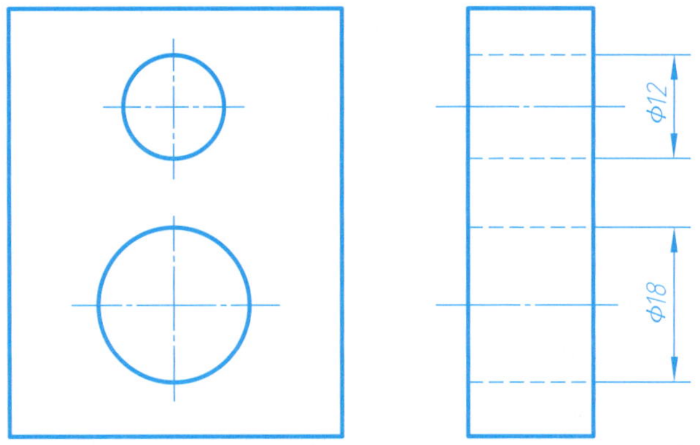

8-4-3　圆柱 $\phi20$ 轴线相对于底面 A 的垂直度公差为 $\phi0.01$，在图中标注其几何公差代号。

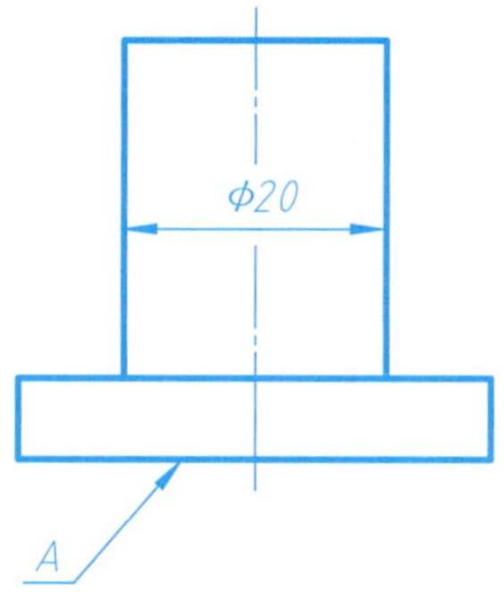

8-4-4　圆柱 $\phi64$ 轴线的同轴度公差应限定在直径等于 $\phi0.1$，以圆柱 $\phi40$ 和 $\phi24$ 公共基准轴线的圆柱面内。

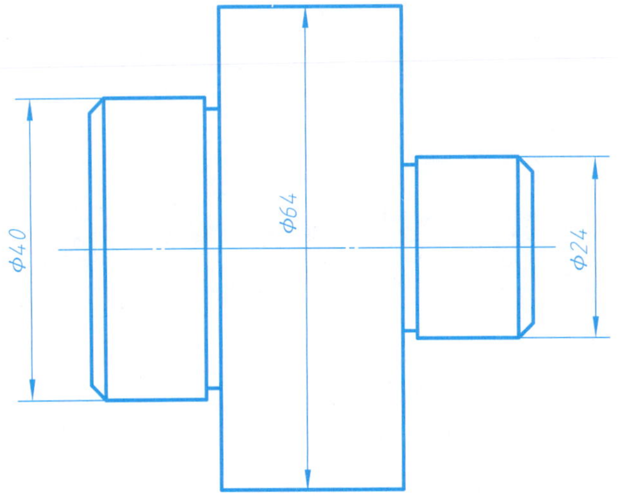

8-4-5　解释图中公差代号的含义。

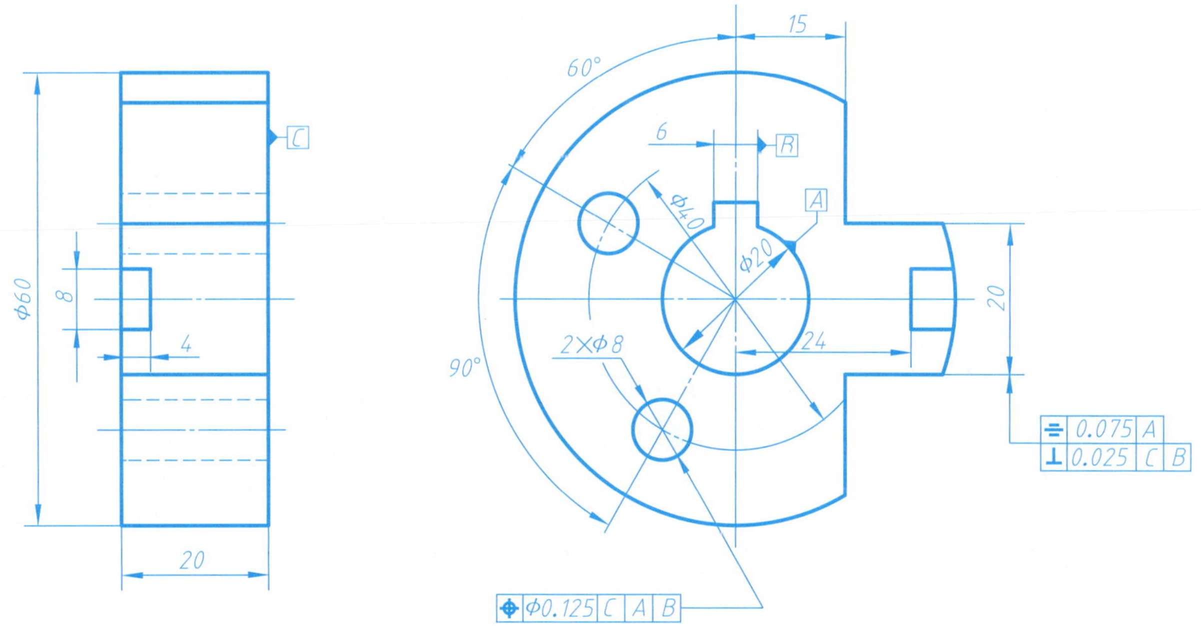

⌯ 0.075 A ________________

⊥ 0.025 C B ________________

⌖ φ0.125 C A B ________________

8-5 读零件图，回答问题

班级 姓名 学号

8-5-1

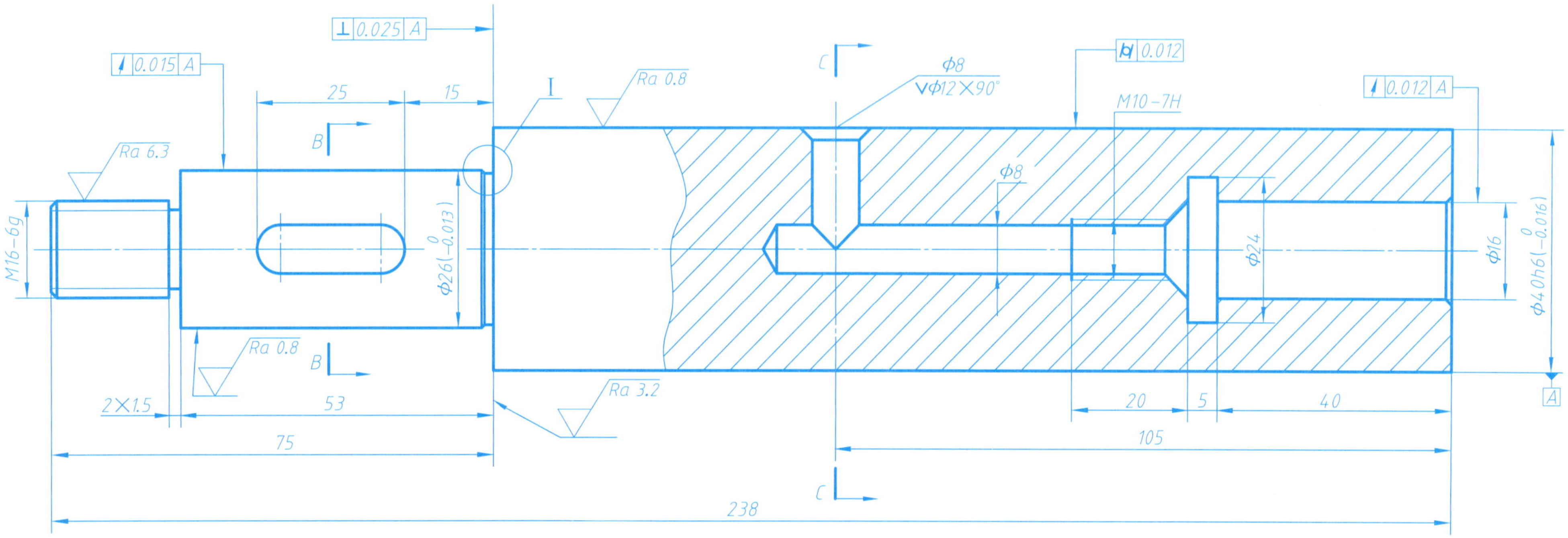

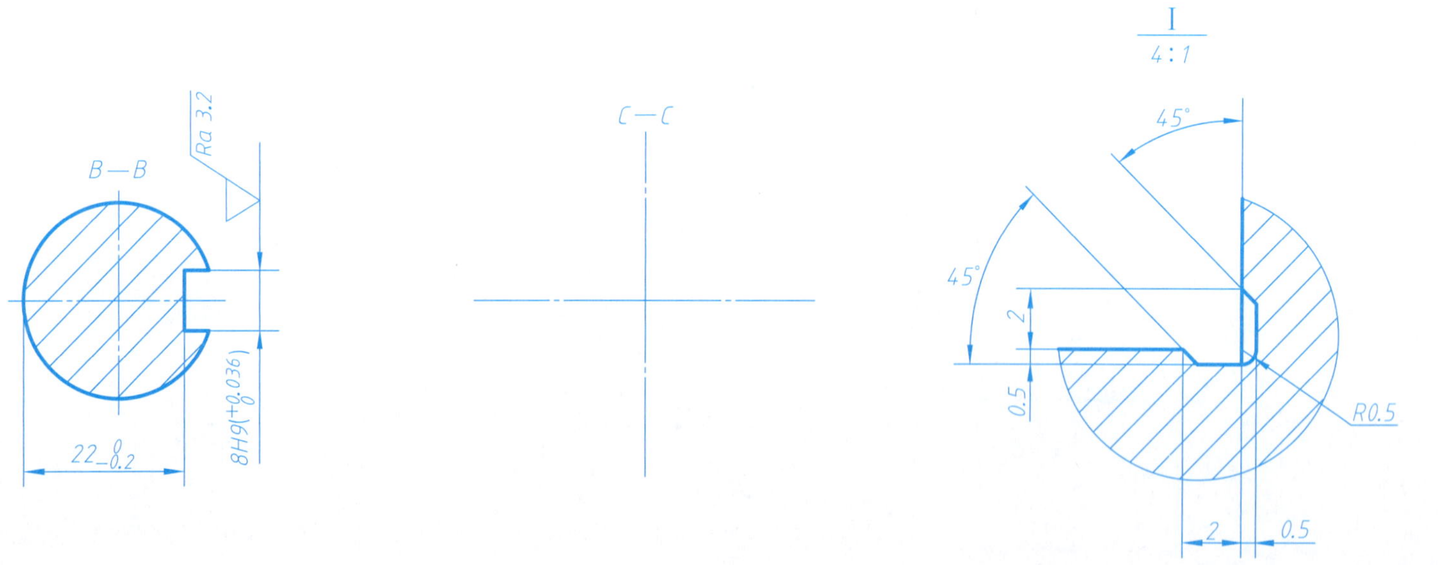

技术要求

1.淬火35～40HRC。

2.未注倒角C1。

Ra 12.5 (√)

主轴			材料	比例	数量	(图号)
			45	1:1	1	
制图		(日期)				
审核		(日期)	(单位名称)			

8-5　读零件图，回答问题

班级　　　　姓名　　　　学号

8-5-1　读主轴零件图，回答下列问题。

（1）该零件采用____个基本视图表达主轴的主要结构和形状，并采用局部剖视图表达主轴的内部结构；此外，采用____________表达砂轮越程槽结构，采用____________表达键槽断面形状。

（2）用指引线和文字在图中注明径向尺寸基准和轴向主要尺寸基准。

（3）主轴上键槽长度为____，宽度为____，键槽长度方向定位尺寸为________，键槽深度标注 $22_{-0.2}^{\ 0}$ 是为了便于____________________。

（4）$\phi 26h6$（$_{-0.013}^{\ \ 0}$）的上极限尺寸是____________，下极限尺寸是____________，公差为____________，其公差带代号为____________。

$\phi 40h6$（$_{-0.016}^{\ \ 0}$）的上极限偏差是____________，下极限偏差是____________，公差为____________。

（5）该轴的表面结构要求最高的 Ra 值为____________。

（6）在指定位置作出 $C—C$ 移出断面图。

（7）说明 4 个几何公差代号的含义。

↗ 0.015 A ____

____

⊥ 0.025 A ____

____

⌭ 0.012 ____

____

↗ 0.012 A ____

____

8-5-2　读尾架端盖零件图，回答下列问题。

（1）该零件属于________类零件，材料为________，绘图比例为________。

（2）该零件采用____个基本视图。主视图采用________剖视图表达零件内部的孔槽结构，它的剖切位置在________视图中注明，剖切平面的种类是________________。

（3）用指引线和文字在图中注明径向尺寸基准和轴向尺寸基准。

（4）解释图中尺寸标注 $\frac{4\times\phi 9}{⌴\phi 12↧9}$ 的含义：____。

（5）$\phi 75_{-0.076}^{-0.030}$ 的上极限尺寸是____________，下极限尺寸是____________，公差为____________，查教材附录，其公差带代号为________。

$\phi 25_{\ \ 0}^{+0.021}$ 的上极限偏差是____________，下极限偏差是____________，公差为____________。

（6）$\phi 75_{-0.076}^{-0.030}$ 外圆的表面结构 Ra 值为____________，$\phi 60$ 右端面的表面结构 Ra 值为____________，115×115 右端面为（加工、非加工）面。

（7）$R33$ 曲面的定位尺寸是________和________。

（8）说明两处几何公差代号的含义。

① ↗ 0.03 B ____

____

② ↗ 0.03 B ____

____

8-5-2

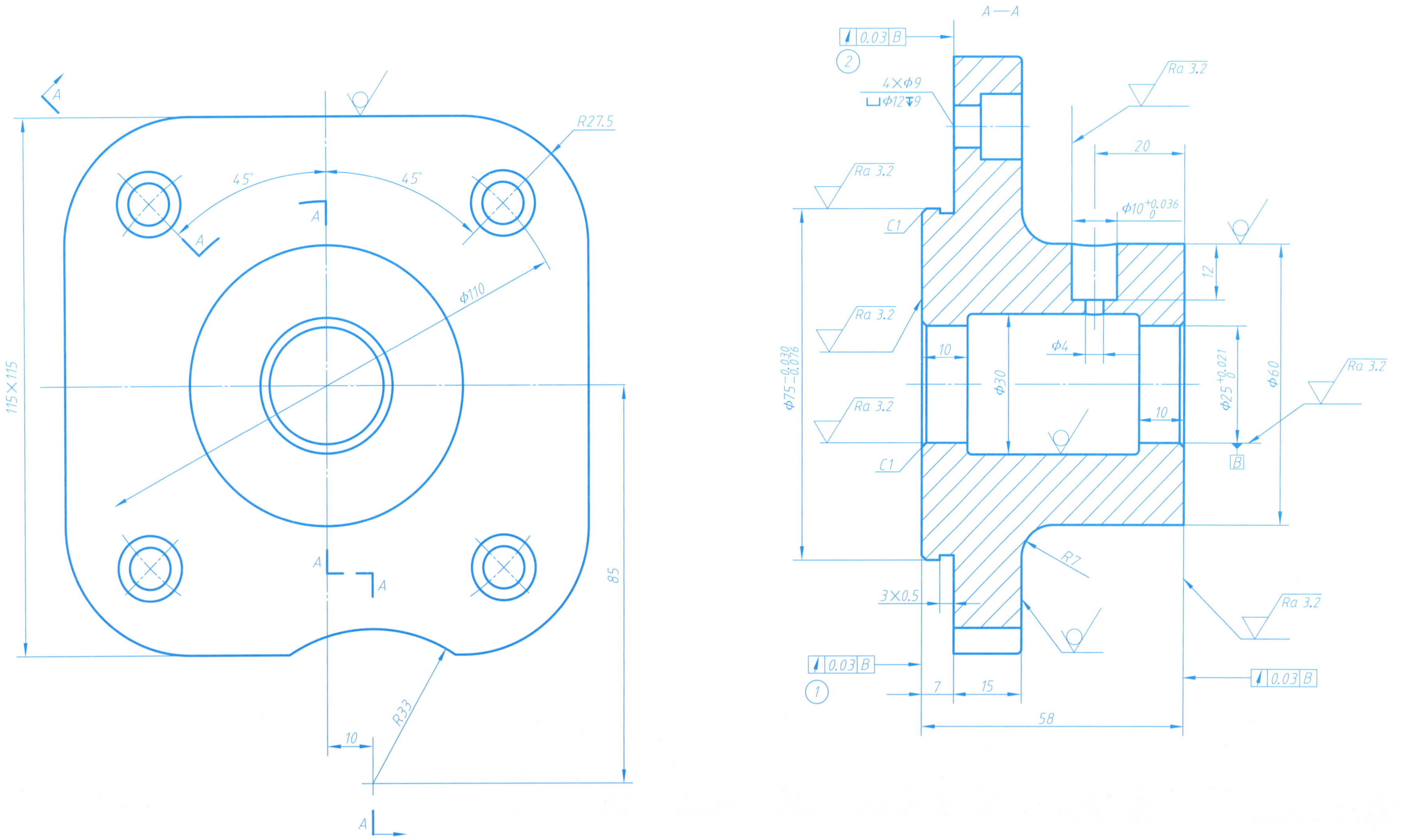

技术要求
未注圆角R1。

Ra 6.3 (√)

尾架端盖		材料	比例	数量	(图号)
		HT150	1:1	1	
制图	(日期)	(单位名称)			
审核	(日期)				

8-5-3

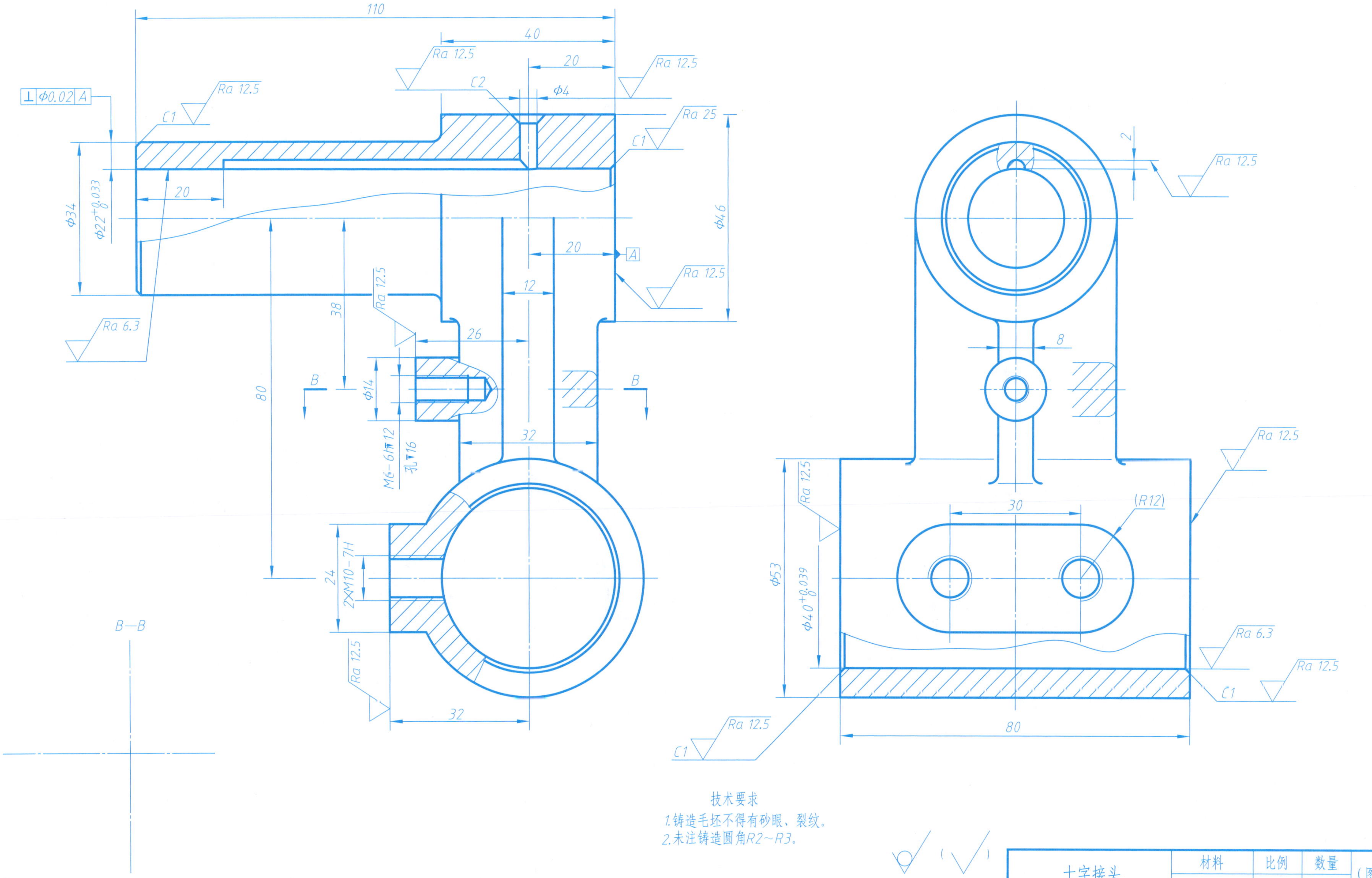

技术要求

1.铸造毛坯不得有砂眼、裂纹。

2.未注铸造圆角R2~R3。

十字接头		材料	比例	数量	(图号)
		HT150	1:1	1	
制图	(日期)				
审核	(日期)	(单位名称)			

8-5-3 读十字接头零件图，回答下列问题。

（1）根据零件名称和结构形状，此零件属于________类零件。

（2）十字接头的结构由________部分、________部分和________部分组成。

（3）用指引线和文字在图中注明三个方向的主要尺寸基准。

（4）在主视图中，下列尺寸属于哪种类型（定形、定位）尺寸，80 是________尺寸，38 是________尺寸，40 是________尺寸，24 是________尺寸，$\phi22^{+0.033}_{0}$ 是____________尺寸。

（5）$\phi40^{+0.039}_{0}$ 的上极限尺寸是________，下极限尺寸是________，公差为________。

（6）解释图中几何公差的含义：

⊥	$\phi0.02$	A

基准要素是____________________。

被测要素是____________________。

公差项目是____________________。

公差值是____________________。

（7）零件上共有____个螺孔，尺寸分别是____________________。

（8）在图中指定位置做出 $B—B$ 断面图。

8-5-4 读底座零件图，回答下列问题。

（1）根据零件名称和结构形状，该零件属于________类零件，材料为________，绘图比例为________。

（2）该零件采用____个基本视图表达底座的主要结构和形状，主视图采用________视图，俯视图采用________视图，左视图采用________视图。除基本视图以外，该零件图中还采用了 2 处________视图来表达零件的局部结构外形轮廓。

（3）用引线和文字在图中注明长、宽、高三个方向的尺寸基准。

（4）该零件的总体尺寸分别是：总长________，总宽________，总高________。

（5）查《工程制图》附录，可知 $\phi26$H7 上极限偏差是________，下极限偏差是________，公差为________。

（6）该零件的表面结构要求最高的 Ra 值为________。

（7）在指定位置作出底座左视图外形图。

（8）图中共有____处螺纹孔，说明下列螺纹孔尺寸标注含义，并找出其定位尺寸。

$\frac{3\times M6-6H}{↧12EQS}$ ____

$\frac{4\times M5-6H}{↧12}$ ____

4×M6−6H ____

$\frac{4\times M10-6H}{↧12}$ ____

$\frac{4\times M4-6H}{↧12EQS}$ ____

8-5　读零件图，回答问题　　　　班级　　　　姓名　　　　学号

8-5-4

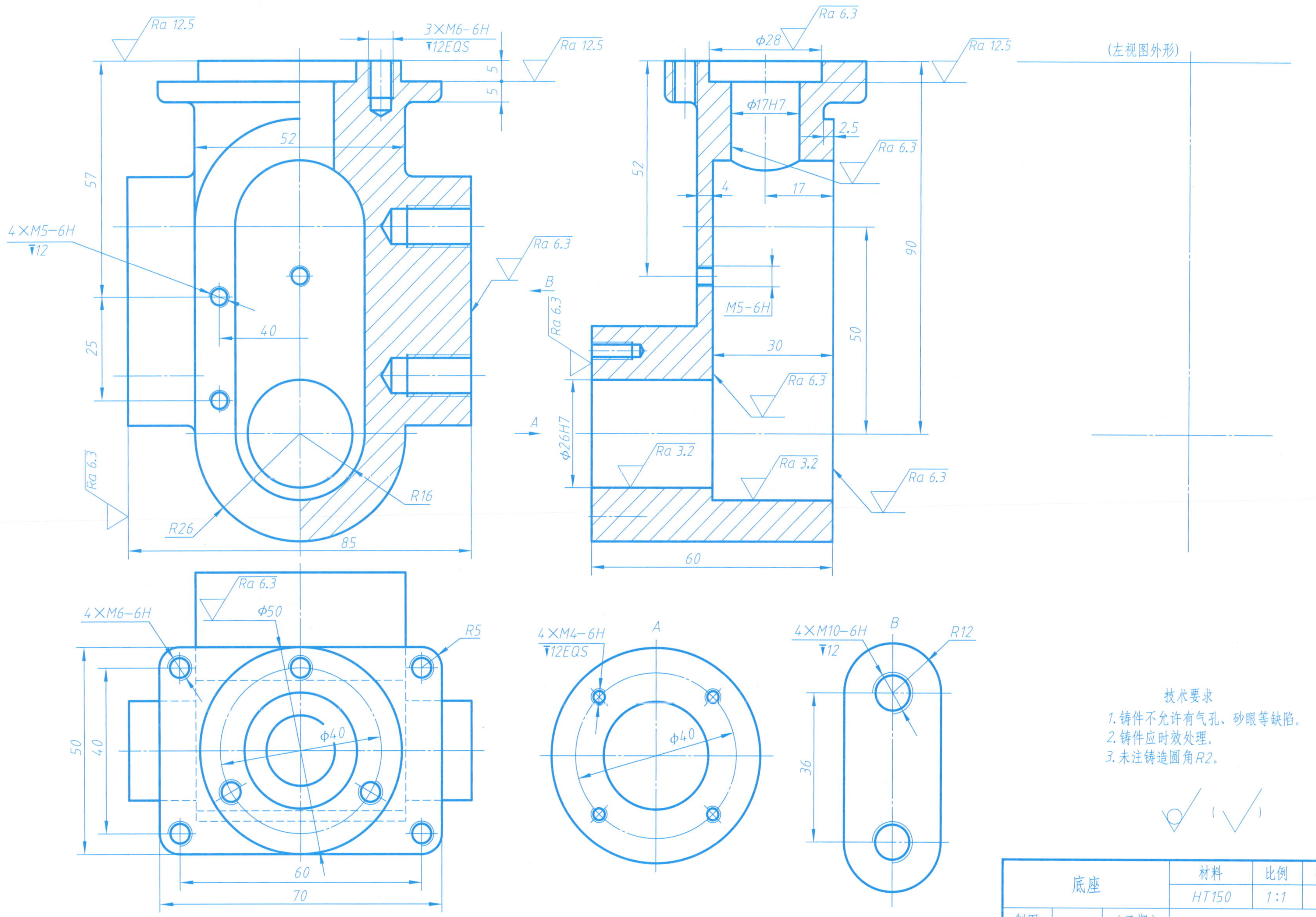

技术要求

1. 铸件不允许有气孔、砂眼等缺陷。
2. 铸件应时效处理。
3. 未注铸造圆角R2。

底座		材料	比例	数量	(图号)
		HT150	1:1	1	
制图		(日期)	(单位名称)		
审核		(日期)			

第9章 装 配 图

9-1 根据零件图，拼画装配图

班级　　　　姓名　　　　学号

9-1-1 旋阀。

绘制要求：根据旋阀装配示意图和零件图拼画旋阀的装配图（采用恰当的表达方法，按照 1∶1 比例，完整清晰地表达旋阀的工作原理、装配关系，并标注必要的尺寸）。

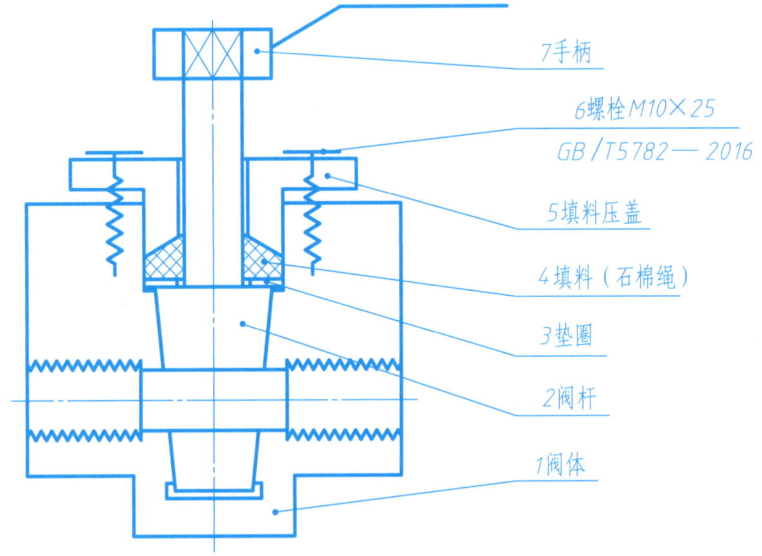

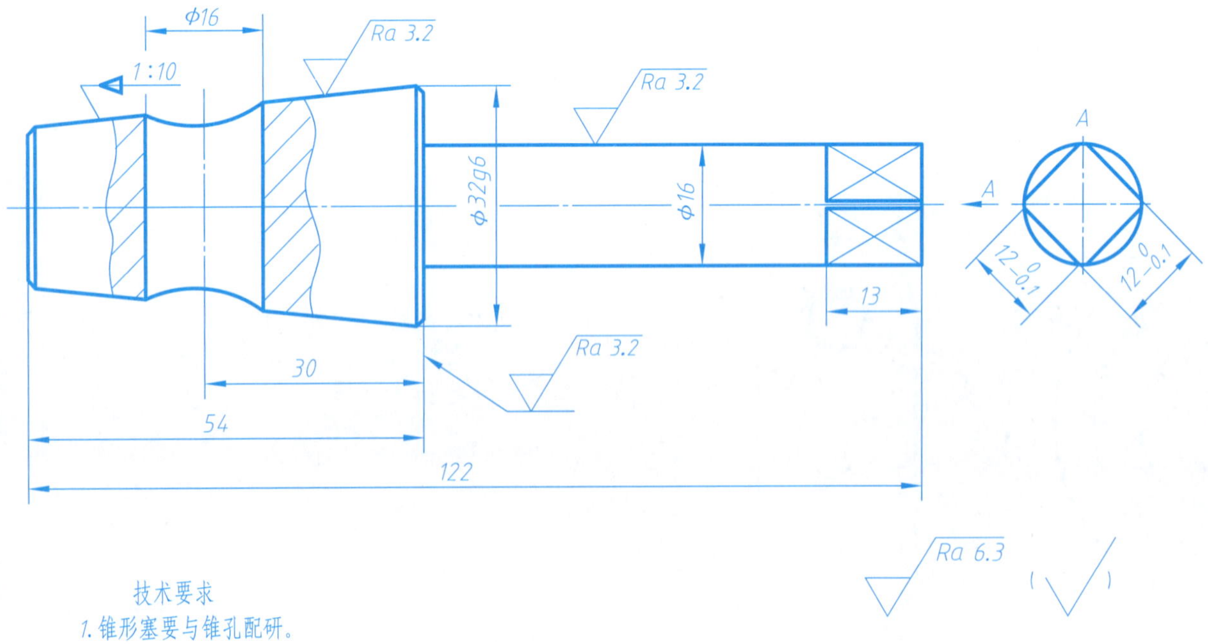

技术要求
1. 锥形塞要与锥孔配研。
2. 全部倒角1×45°。

序号	2	阀杆	比例	1:1
材料	45		数量	1

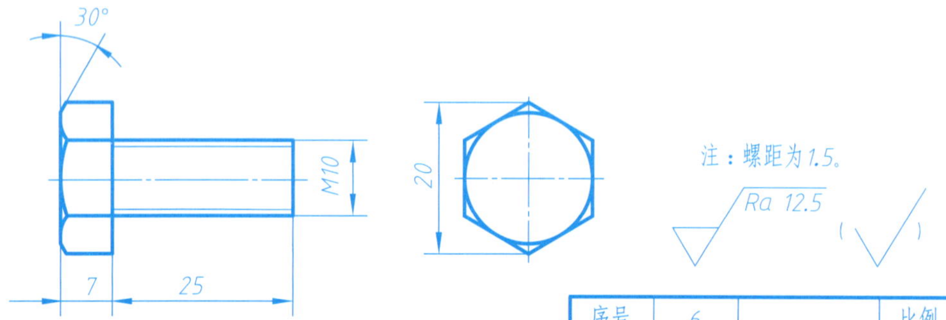

序号	6	螺栓	比例	1:1
材料	45		数量	1

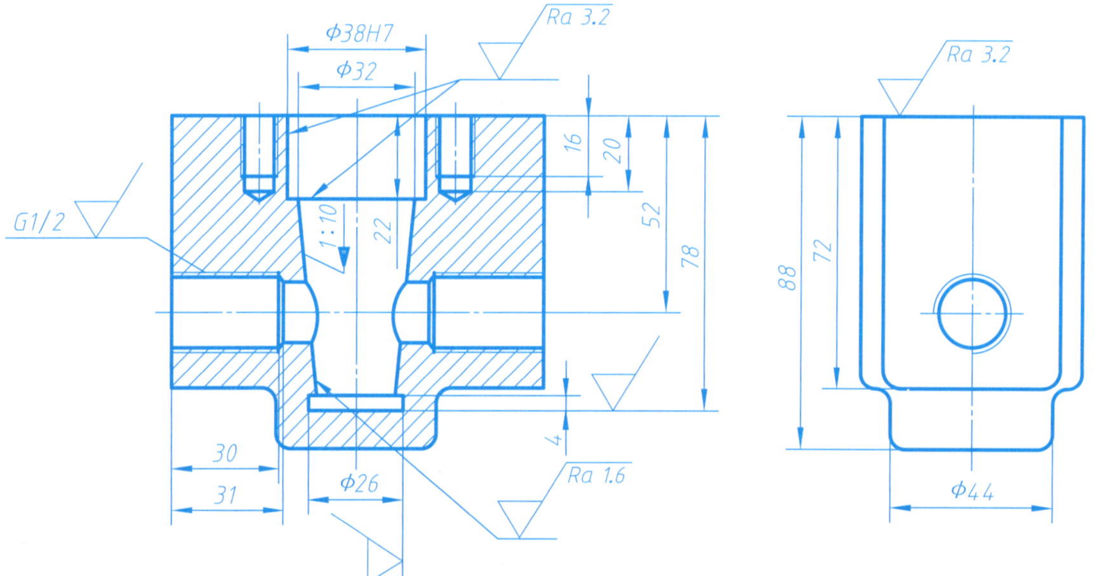

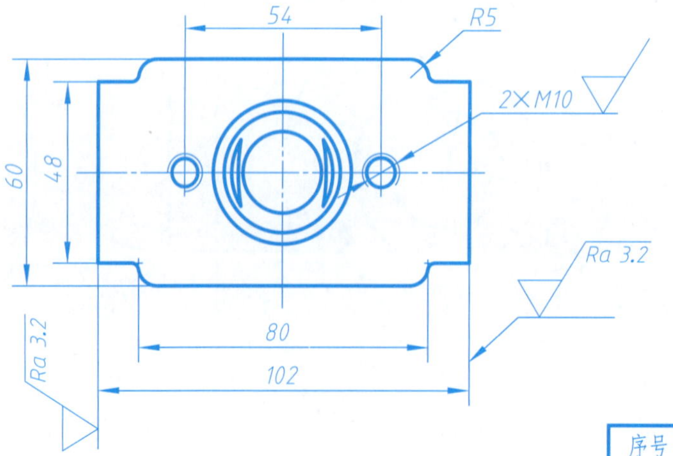

技术要求
1. 锥孔要与锥形塞配研。
2. 铸造圆角R2～R5。

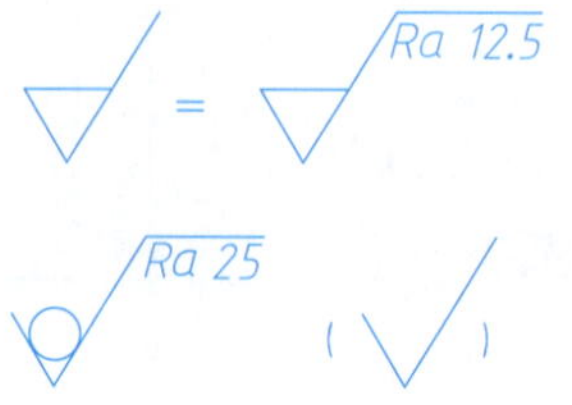

序号	1	阀体	比例	1:2
材料	HT150		数量	1

9-1 根据零件图，拼画装配图

班级　　　　姓名　　　　学号

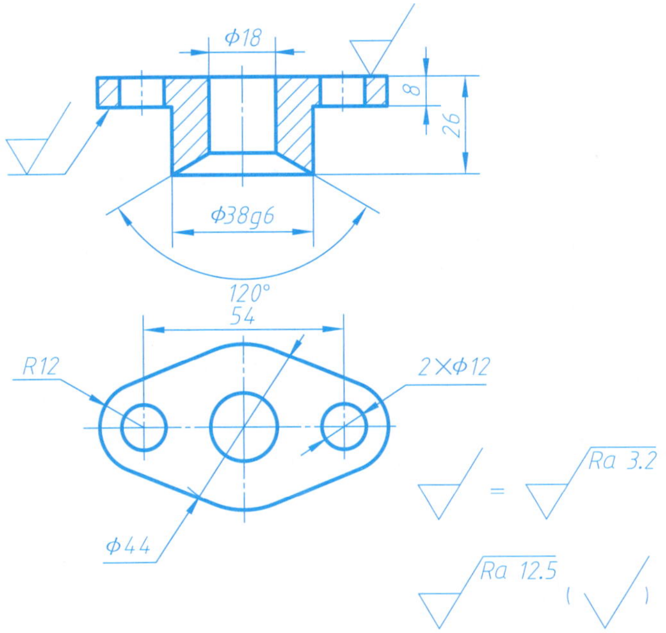

序号	5	填料压盖	比例	1:2
材料	35		数量	1

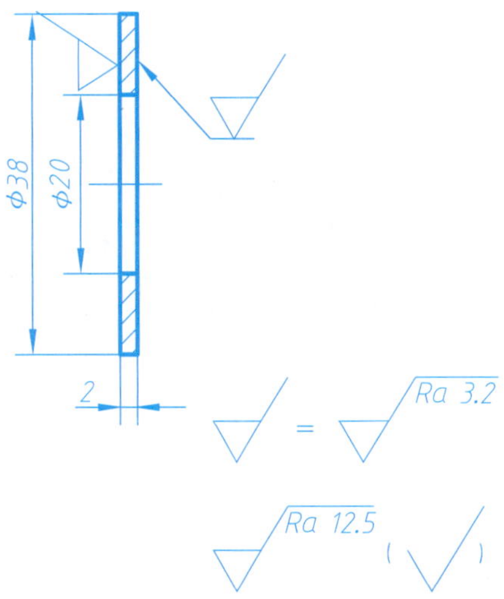

序号	3	垫圈	比例	1:1
材料	35		数量	1

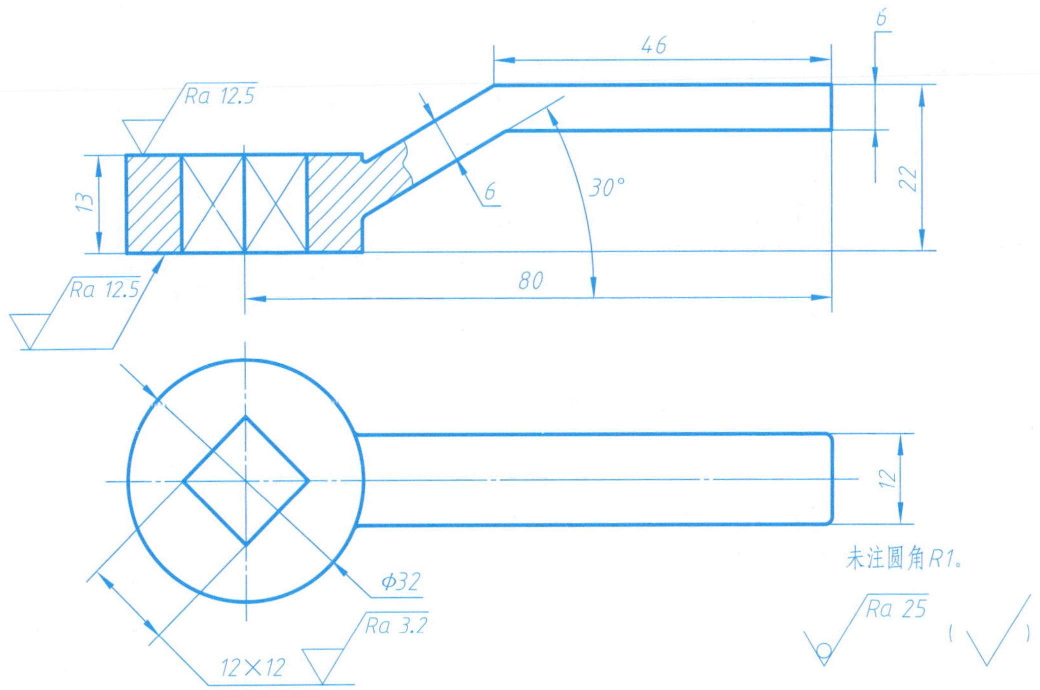

序号	7	手柄	比例	1:1
材料	HT200		数量	1

9-1-2 虎钳。

工作原理：虎钳安装在钳工工作台上，用于夹紧工件。旋转手柄 12 带动螺杆 1 旋转，从而使螺母 7 带动活动钳体 6 沿着固定钳体 5 做左右移动，从而达到夹紧或松开工件目的。

绘制要求：采用恰当的表达方法，按照 1∶1 比例，完整清晰地表达虎钳的工作原理、装配关系，并标注必要的尺寸。

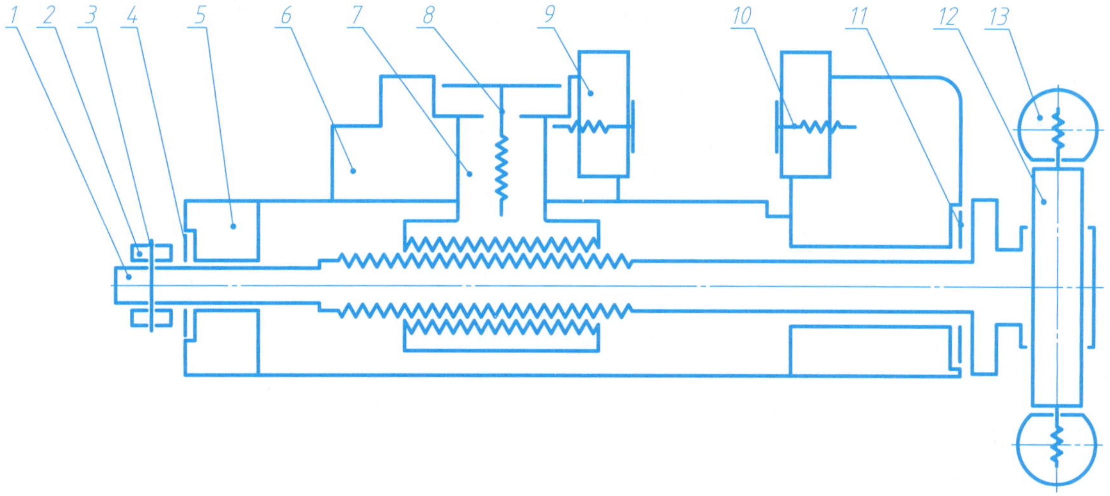

序号	名称	数量	材料	备注
1	螺杆	1	45	
2	挡圈	1	45	
3	销 6×16	1	35	GB/T 119.1—2000
4	垫圈 10	1	35	GB/T 97.1—2002
5	固定钳体	1	HT200	
6	活动钳体	1	HT200	
7	螺母	1	45	
8	螺钉	1	45	
9	钳口板	2	45	
10	螺钉 M6×20	2	45	GB/T 68—2016
11	垫圈 16	1	35	GB/T 97.1—2002
12	手柄	1	Q235	
13	球	2	Q235	

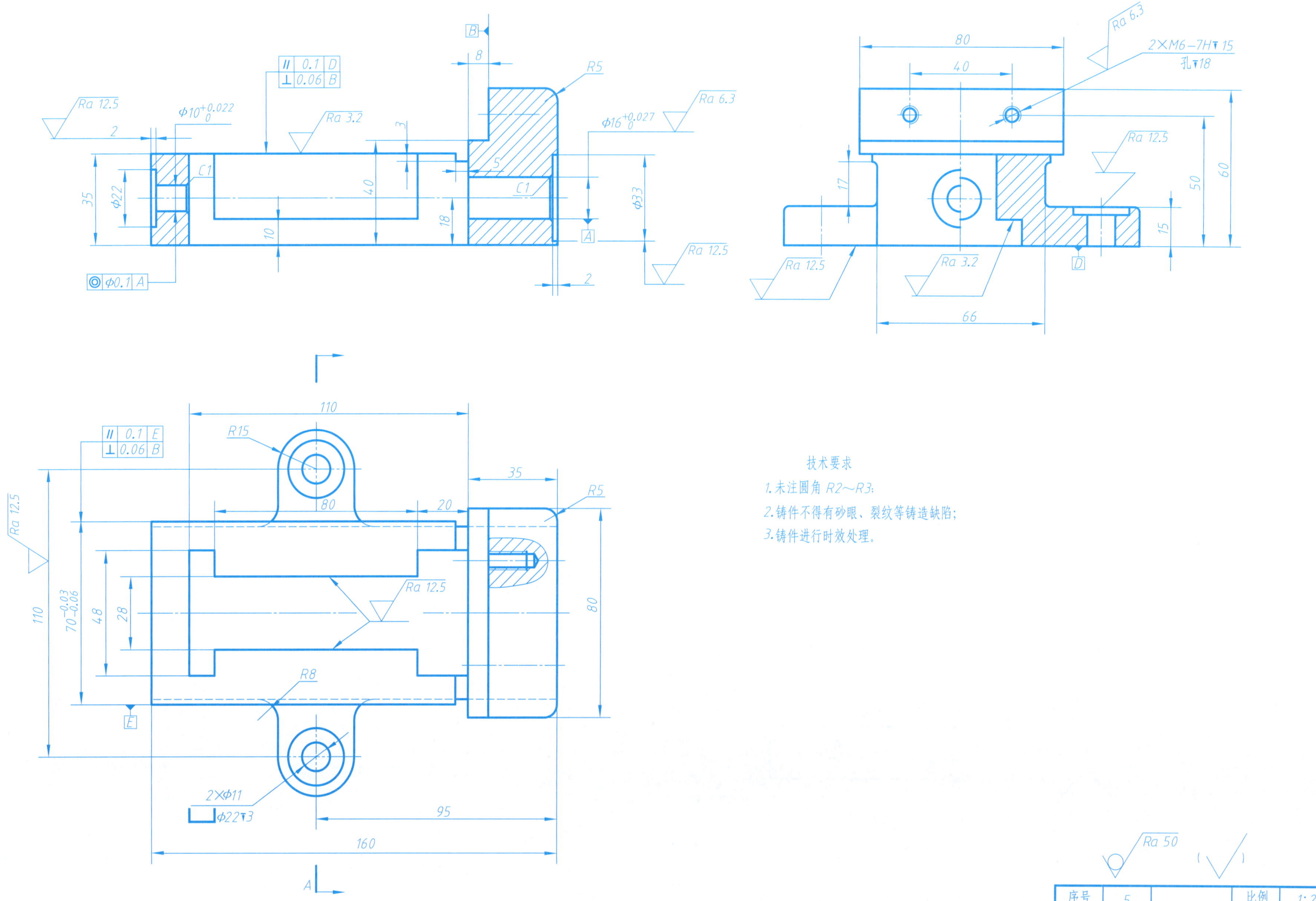

技术要求

1. 未注圆角 R2～R3;
2. 铸件不得有砂眼、裂纹等铸造缺陷;
3. 铸件进行时效处理。

序号	5	固定钳体	比例	1:2
材料	HT200		数量	1

9-1 根据零件图，拼画装配图

班级　　姓名　　学号

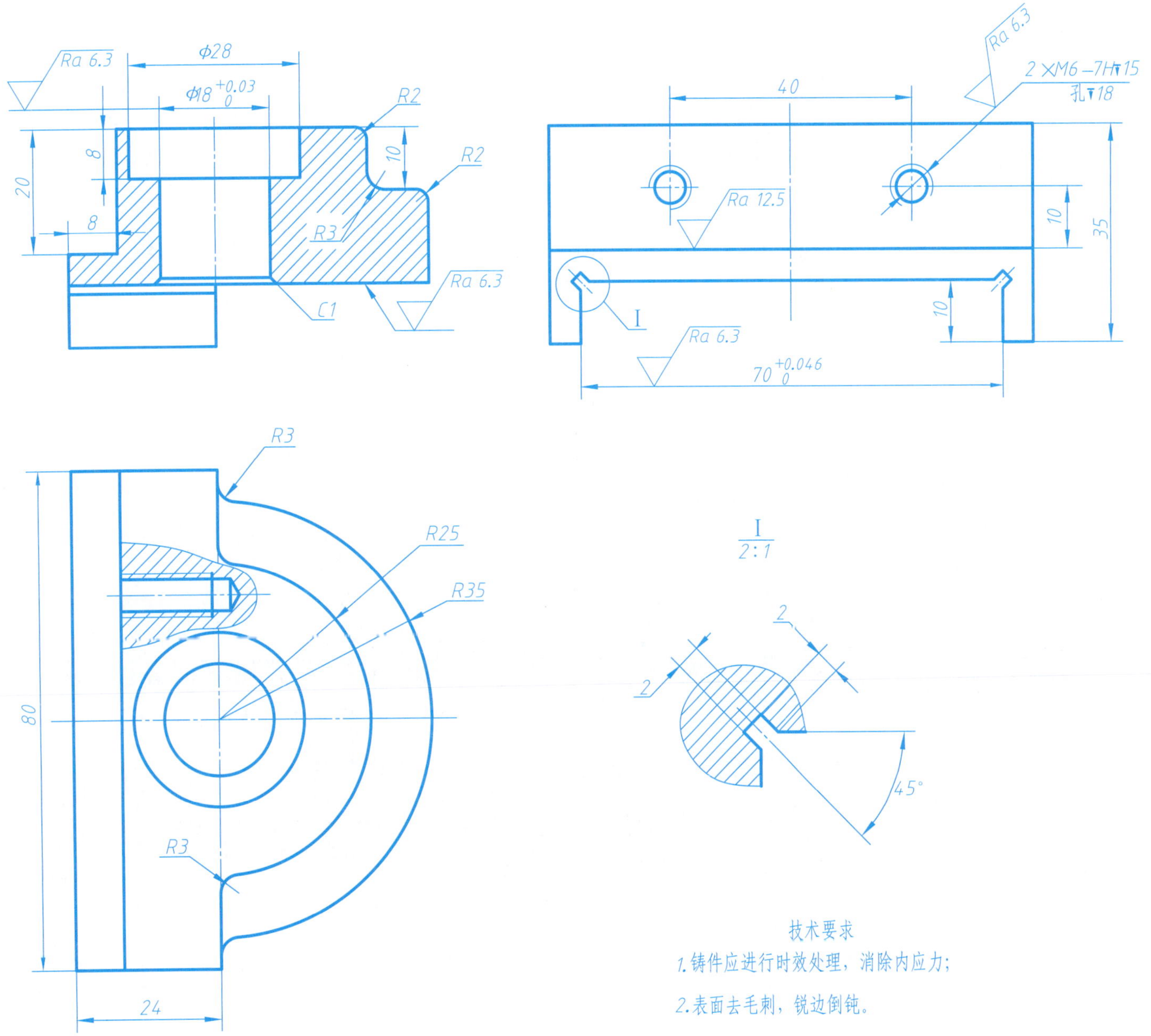

技术要求

1.铸件应进行时效处理，消除内应力；

2.表面去毛刺，锐边倒钝。

Ra 50 (√)

序号	6	活动钳体	比例	1:1
材料	HT200		数量	1

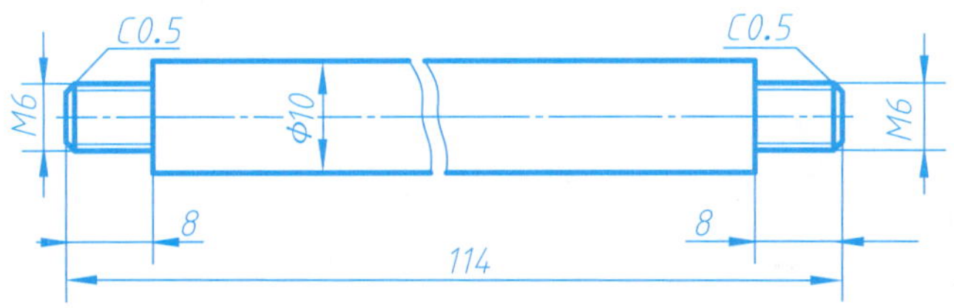

表面去毛刺，锐边倒钝。

Ra 12.5

序号	12	手柄	比例	1:1
材料	Q235		数量	1

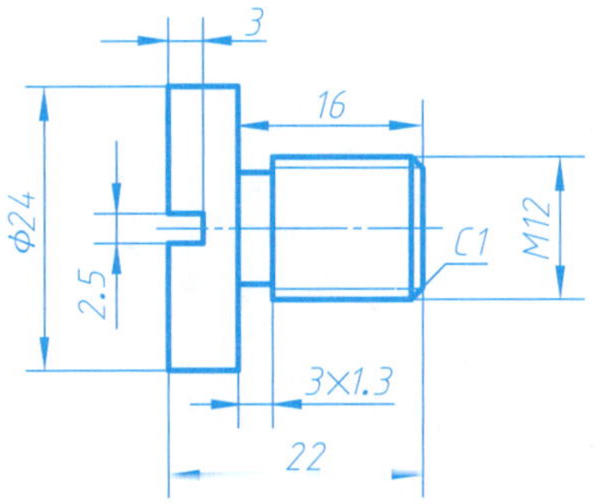

表面去毛刺，锐边倒钝。

Ra 12.5

序号	8	螺钉	比例	1:1
材料	45		数量	1

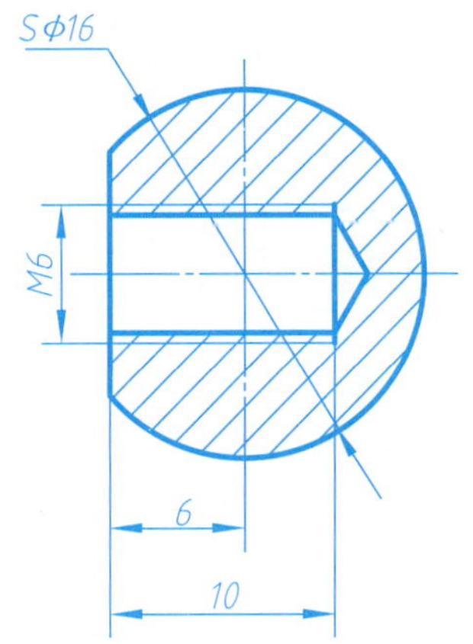

表面去毛刺，锐边倒钝。

Ra 12.5

序号	13	球	比例	2:1
材料	Q235		数量	2

9-1 根据零件图，拼画装配图

班级　　　　姓名　　　　学号

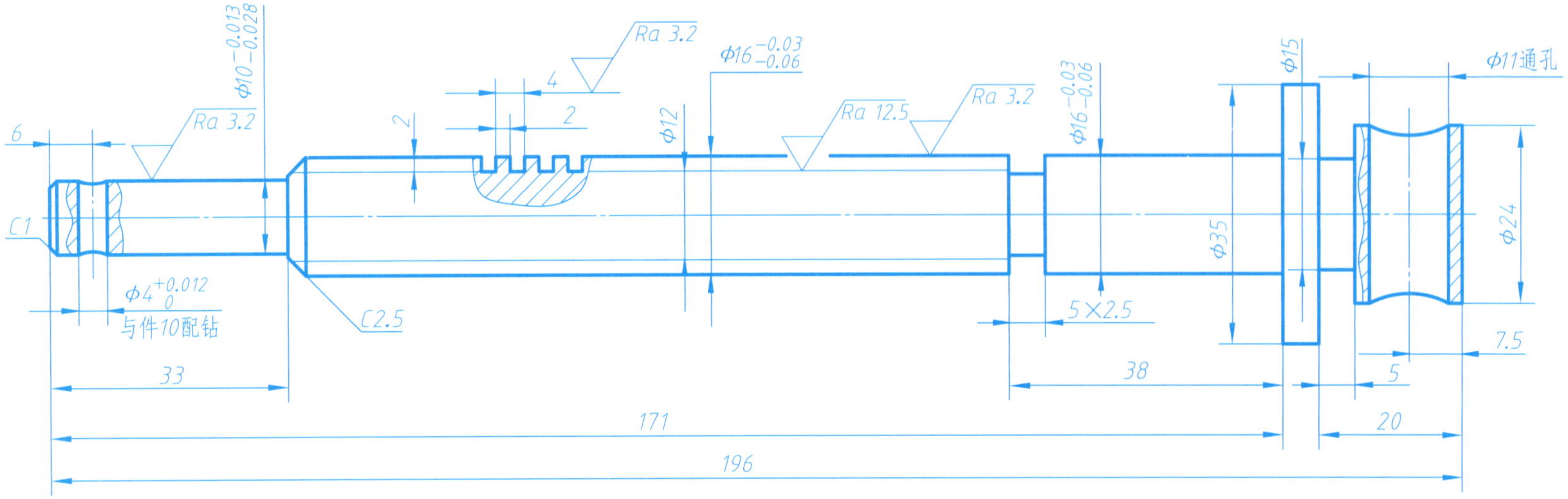

技术要求

1.表面去毛刺，锐边倒钝；

2.调质处理190～220HB。

Ra 12.5 (√)

序号	1	螺杆	比例	1:1
材料	45		数量	1

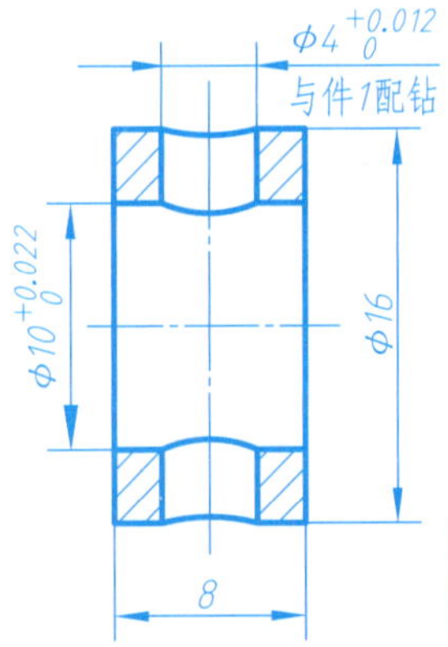

表面去毛刺，锐边倒钝。

Ra 12.5

序号	2	挡圈	比例	2:1
材料	45		数量	1

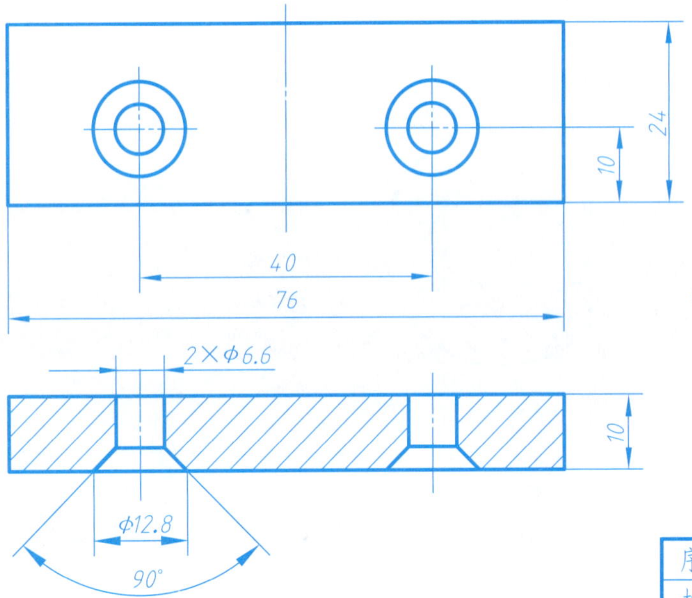

表面去毛刺，锐边倒钝。

Ra 12.5

序号	9	钳口板	比例	1:1
材料	45		数量	1

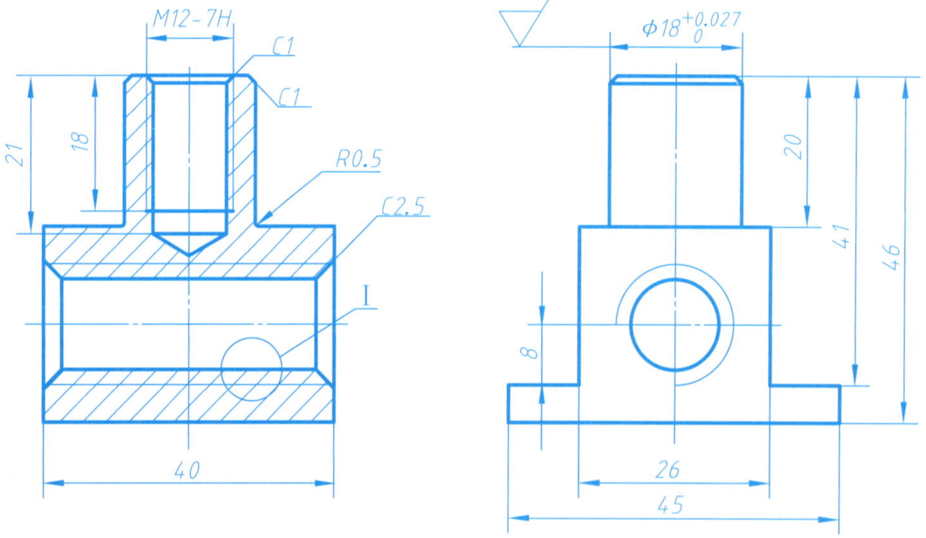

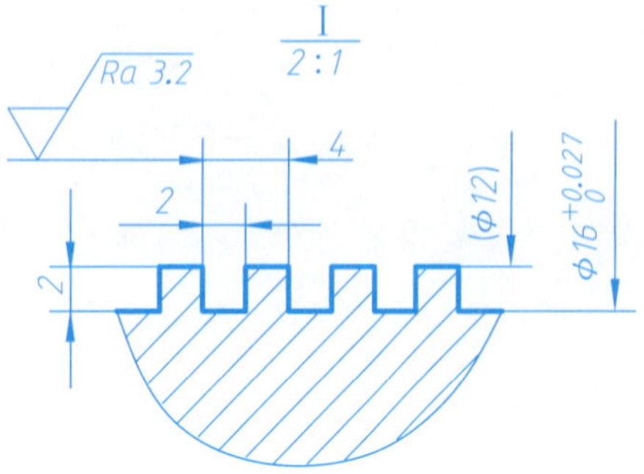

表面去毛刺，锐边倒钝。

Ra 12.5 (√)

序号	7	螺母	比例	1:1
材料	45		数量	1

9-2-1

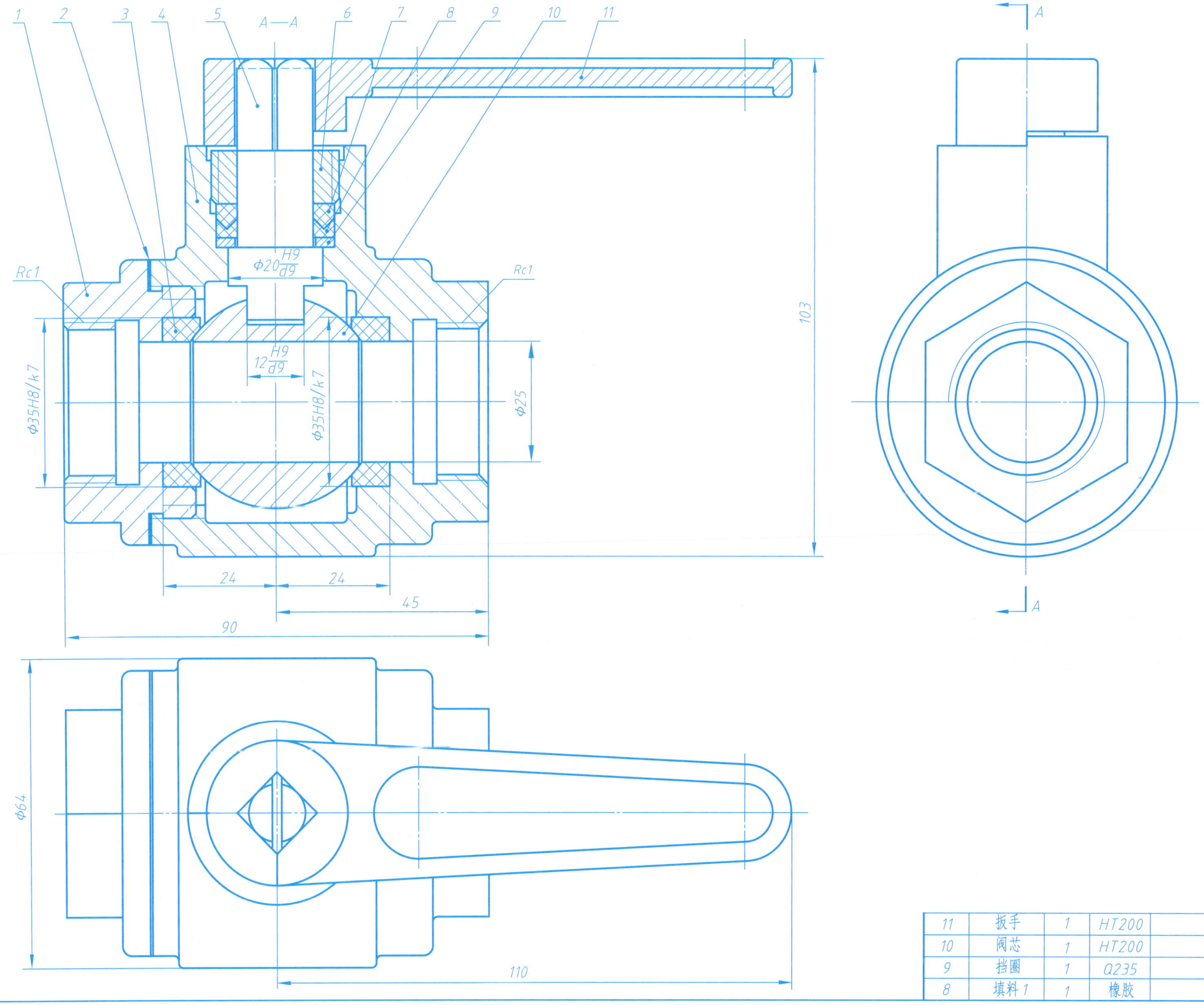

技术要求

1. 检验合格的零件清洗干净。
2. 组装好的球阀加压1MPa，保压24h压力下降小于5%。
3. 球阀检验应符合GB/T 15185—2016（铁制和铜制）的要求。

序号	名称	数量	材料	备注
11	扳手	1	HT200	
10	阀芯	1	HT200	
9	挡圈	1	Q235	
8	填料1	1	橡胶	
7	填料2	1	橡胶	
6	压盖	1	45	
5	阀杆	1	45	
4	阀体	1	HT200	
3	密封圈	2	聚四氟乙烯	
2	密封垫	1	工业纸	
1	阀盖	1	HT200	

球阀		比例	1:1
		重量	
制图		（单位名称）	
审核			

9-2 读装配图，拆画零件

班级　　　　姓名　　　　学号

9-2-1 阅读球阀装配图，回答下列问题。

（1）球阀由________种零部件组成。

（2）装配图由________个视图组成，分别是________、________和________。其中________视图反映了球阀的工作原理。球阀在管路中主要用来切断、分配和改变介质的流向，它具有旋转90°的动作，旋塞体为（件____）________。当顺时针转动扳手（件11）时，扳手带动（件____）________和（件____）________旋转，关闭管路。

（3）阀杆（件5）在主视图中剖切按不剖处理，仅画出其外形，原因是____________________。

（4）Rc1是____________尺寸，103是________尺寸，$\phi 20\frac{H9}{d9}$是________尺寸。

（5）ϕ35H8/k7是________零件和________零件的________尺寸，零件________的公差带代号是H8，________零件的公差带代号是k7。

（6）阀体（件4）和阀杆（件5）的配合尺寸____，属于____配合。阀体（件4）和阀芯（件10）的配合尺寸____，属于________配合。

（7）装配图中，属于轴套类的零件有________、________；属于盘盖类的零件有________；属于箱体类的零件有________。

（8）画出阀盖（件1）的零件图（尺寸从图中量取），并标注该零件在装配图中已有的尺寸。

9-2-2 阅读偏心柱塞泵装配图，回答下列问题。

（1）柱塞泵装配图采用了____________个基本视图，其中主视图采用____________视图，左视图采用____________视图及____________画法。

（2）左视图中用细双点画线画出了____________和____________摆动的一个极限位置。

（3）侧盖（件2）与泵体（件1）用____个____________连接。

（4）填料压盖（件10）与泵体（件1）采用了____个____________连接，用来压紧填料（件9）。填料起____________作用。

（5）泵体（件1）上设置了____个肋板，用来增加强度。在主、左视图中分别采用了________图来表达肋板的厚度。

（6）A向局部视图主要用来单独表达零件____________________的外形结构。

（7）该装配图中有____处配合尺寸，尺寸187.9、140、156属于____________尺寸，110、60属于____________尺寸，43、55属于____________尺寸。

（8）解释ϕ25H8/f8的含义：ϕ25是____________，H是____________，f是____________，8是____________，该配合属于____________配合。

（9）画出曲轴（件11）的零件图（尺寸从图中量取），并标注该零件在装配图中已有的尺寸。

9-2-2

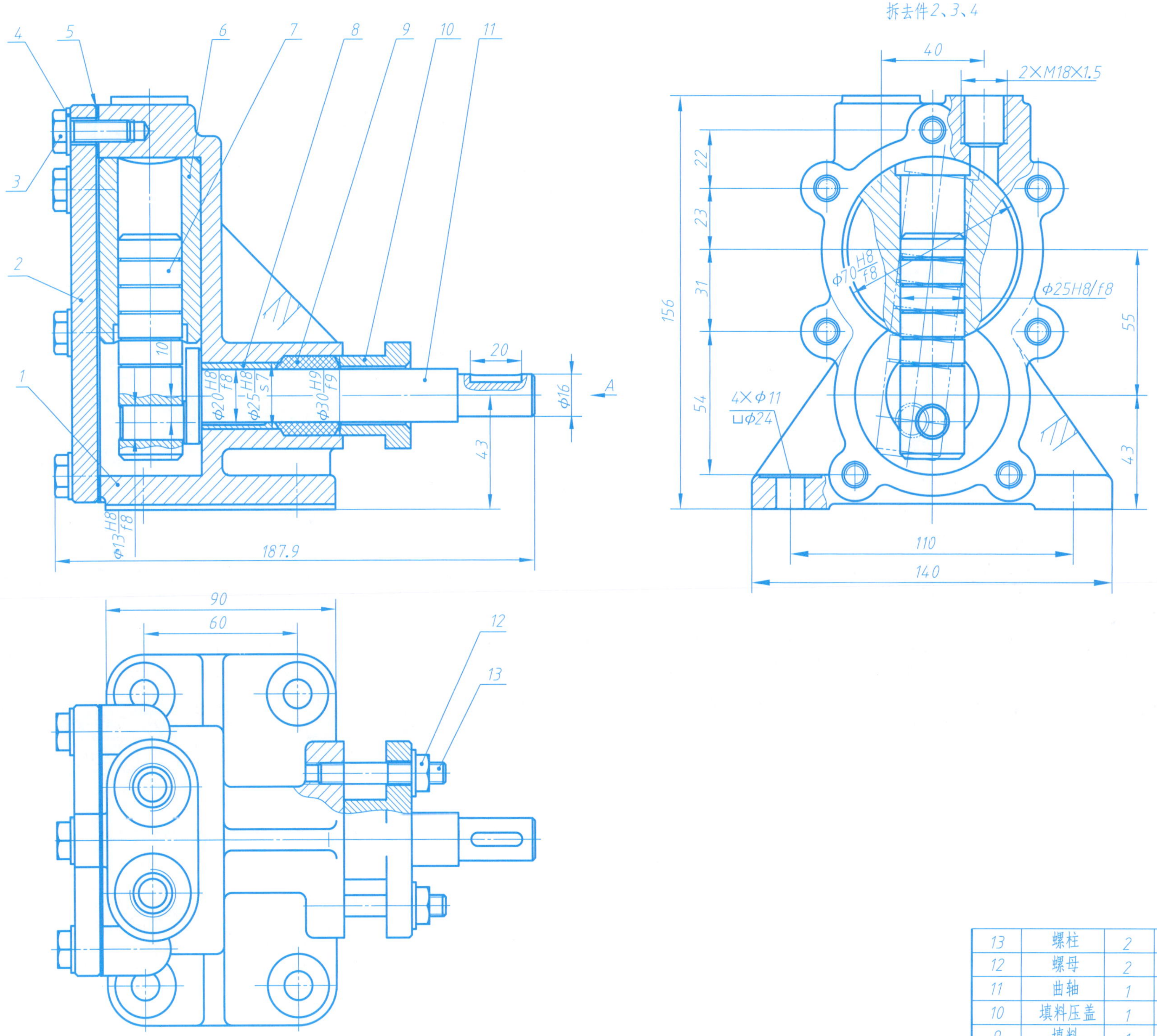

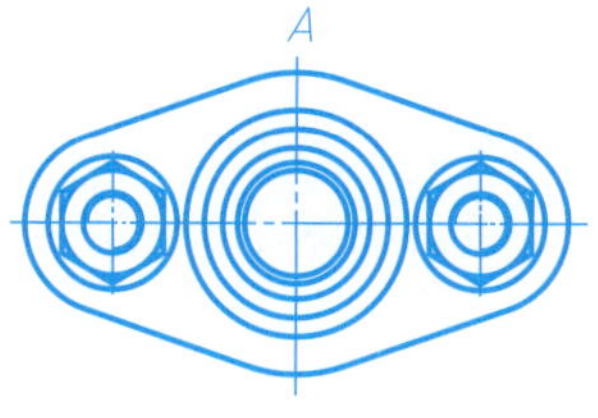

工作原理

偏心柱塞泵是靠曲轴（件11）的旋转运动，并通过曲轴上的偏心销带动柱塞（件7）作往复运动，同时又迫使圆盘（件6）作摇摆运动，从而使泵体内液体增压的装置。

泵体（件1）上方有吸油孔和排油孔。

序号	名称	数量	材料	备注
13	螺柱	2	低碳钢	GB/T898
12	螺母	2	低碳钢	GB/T6170
11	曲轴	1	45	
10	填料压盖	1	HT150	
9	填料	1	毛毡	
8	衬套	1	ZQSn6-6-3	
7	柱塞	1	45	
6	圆盘	1	HT200	
5	垫片	1	工业用纸	
4	垫圈	9	低碳钢	GB/T97.1
3	螺栓	7	低碳钢	GB/T5780
2	侧盖	1	HT150	
1	泵体	1	HT150	

偏心柱塞泵		比例	1:2
		重量	
制图		（单位名称）	
审核			

第 10 章　焊　接　图

10-1　根据焊缝节点图，在图中用符号法标注焊缝　　　　班级　　　　姓名　　　　学号

10-1-1

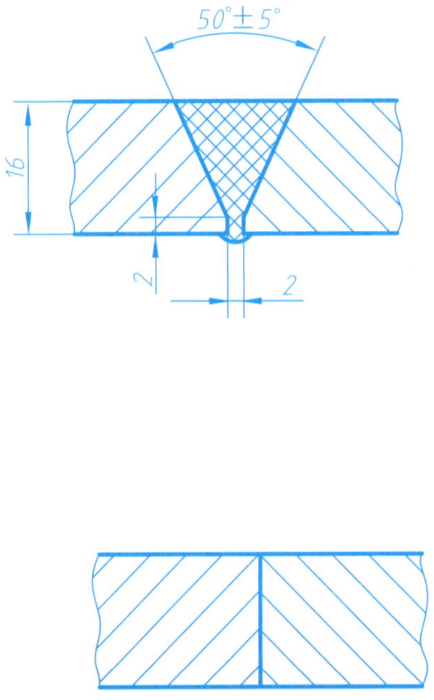

10-1-2

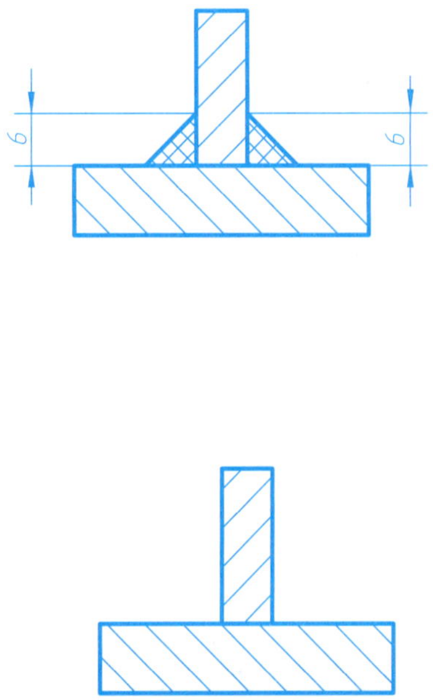

10-1-3

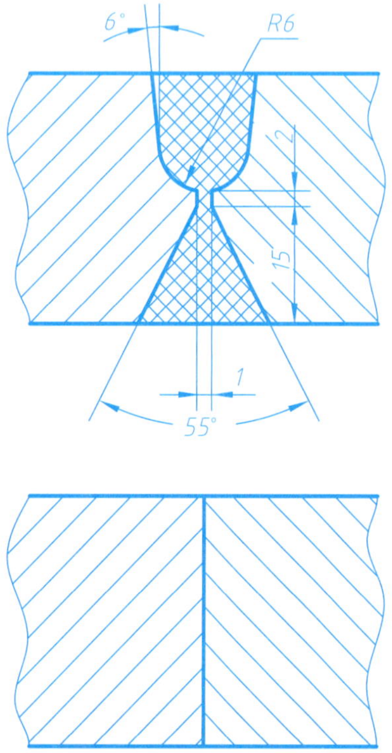

10-1-4

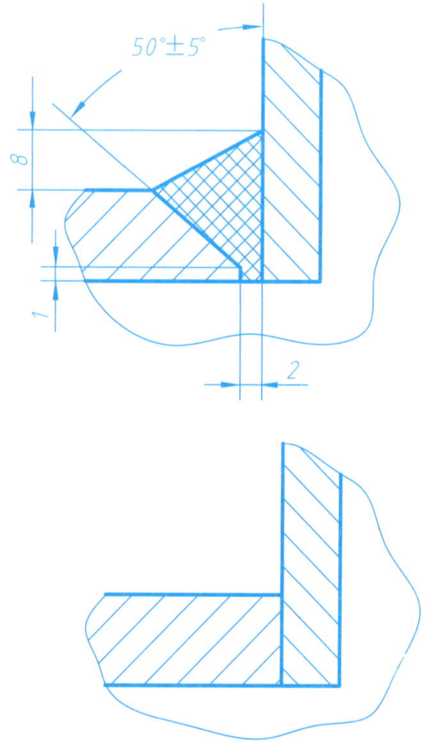

10-2　根据图中焊缝符号的标注，在图下面绘制焊缝节点图，并用文字解释说明（焊缝可涂黑表示）

10-2-1

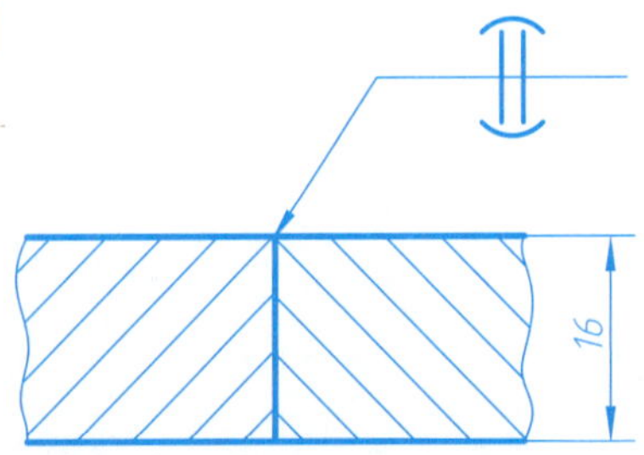

10-2-2

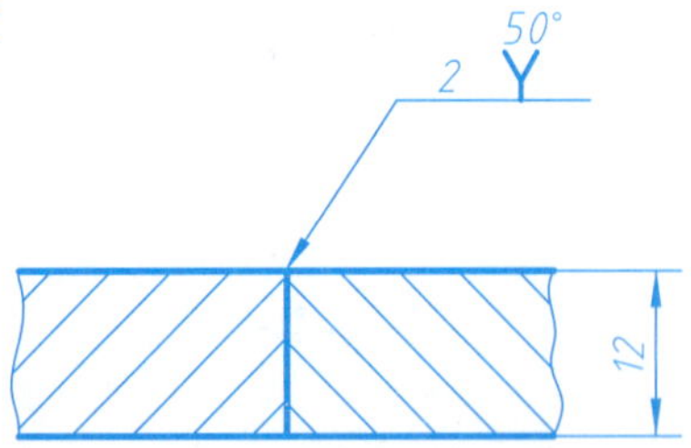

10-2-3

10-2-4

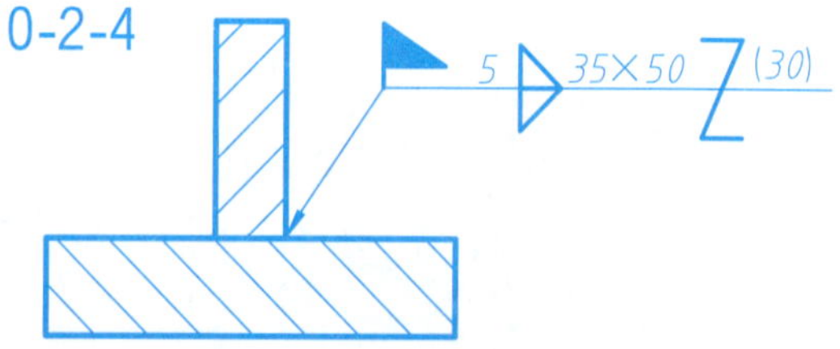

第 11 章　展　开　图

11-1　根据已有视图，求作实长或实形

班级　　　　　姓名　　　　　学号

11-1-1　分别用旋转法和直角三角形法求直线 AB 的实长。

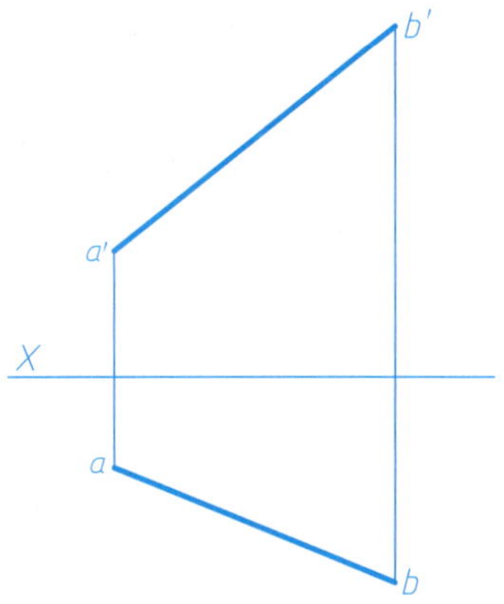

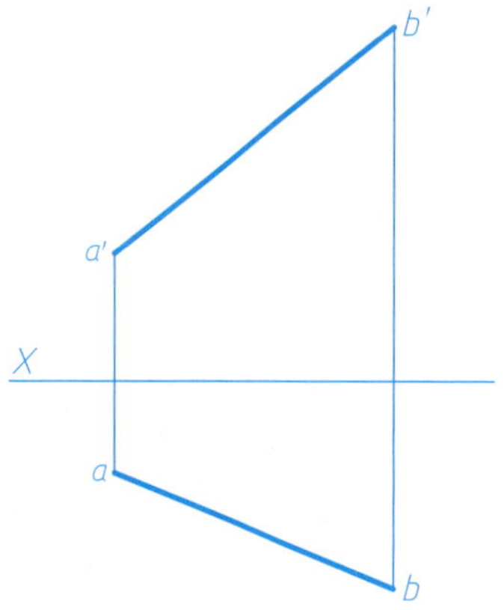

11-1-2　已知直线 $AB=40\text{mm}$，分别用旋转法和直角三角形法完成其正面投影。

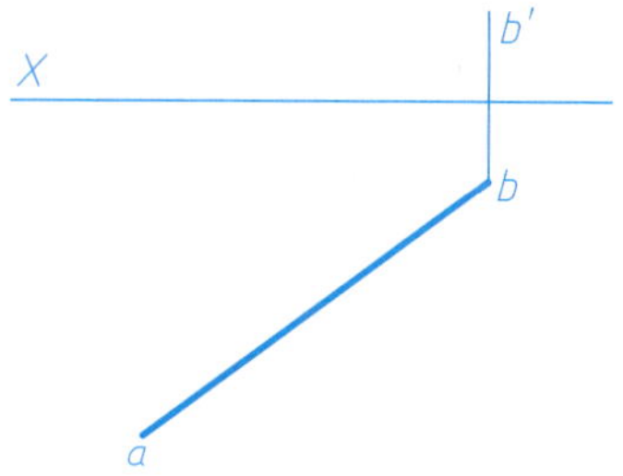

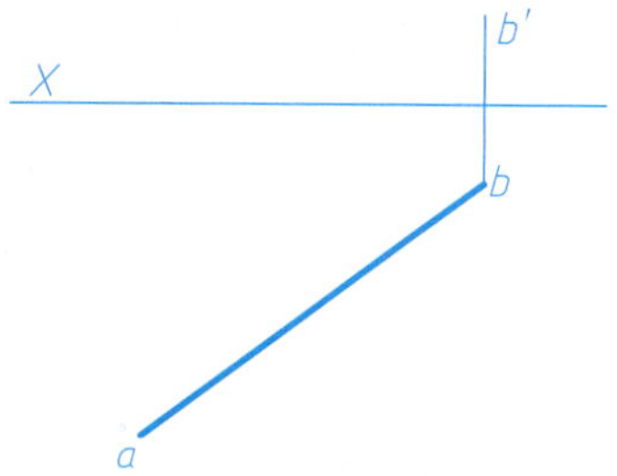

11-1-3　求直线 AB 的实长和倾角 α。

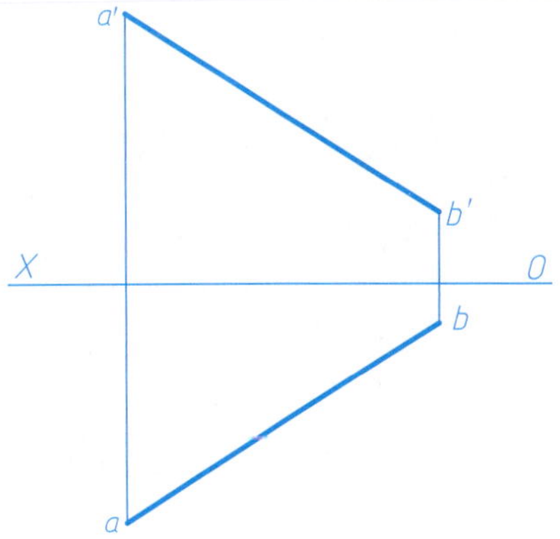

11-1-4　求直线 AB 的实长和倾角 β。

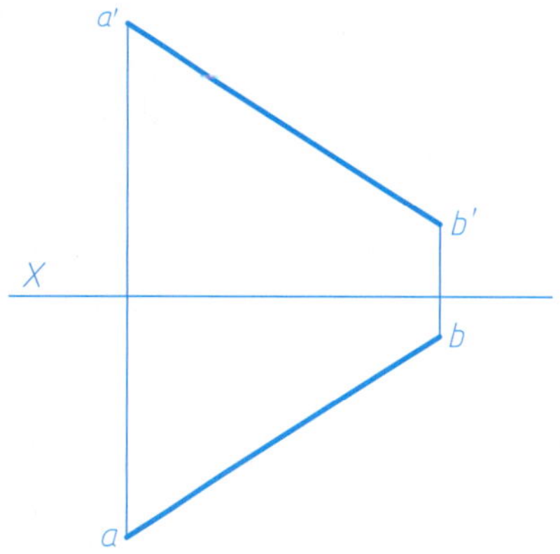

11-1-5　求△ABC 的实形。

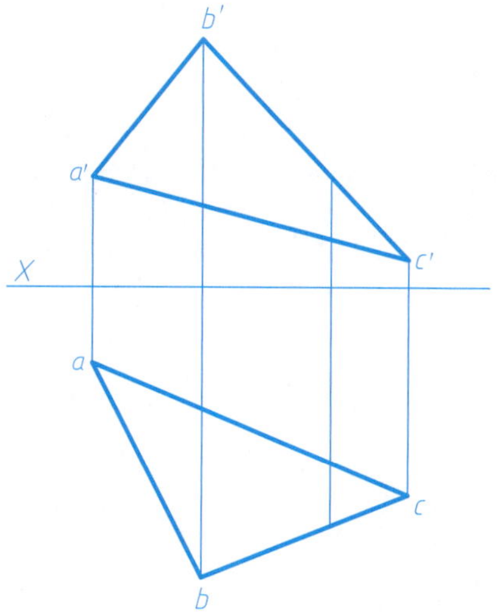

11-2　根据已有视图，求作相应结构件的展开图　　　班级　　　姓名　　　学号

11-2-1　求斜切五棱柱管的展开图。

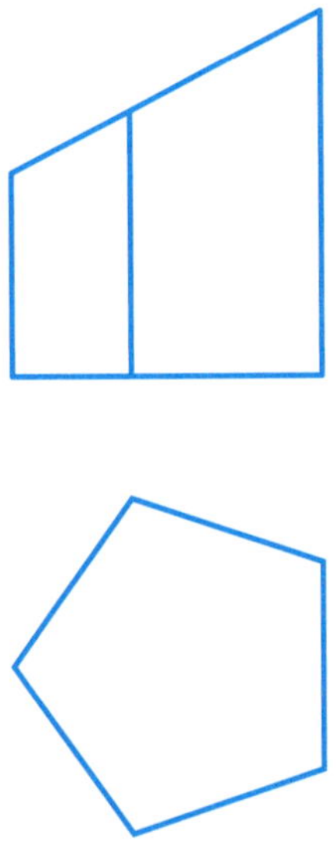

11-2-2　求被两相交平面截切的圆柱管展开图。

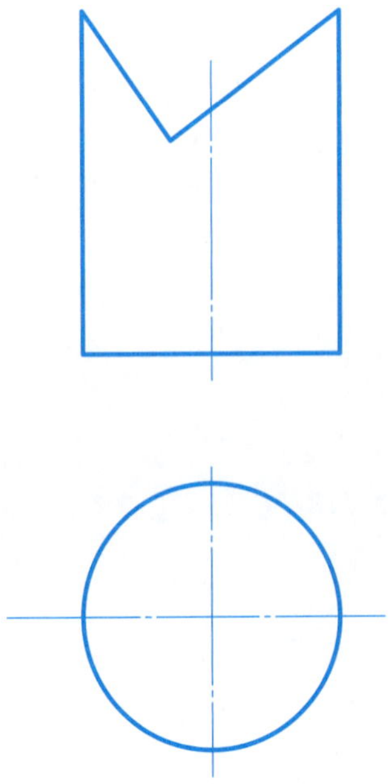

11-2-3　求斜切四棱锥管的展开图。

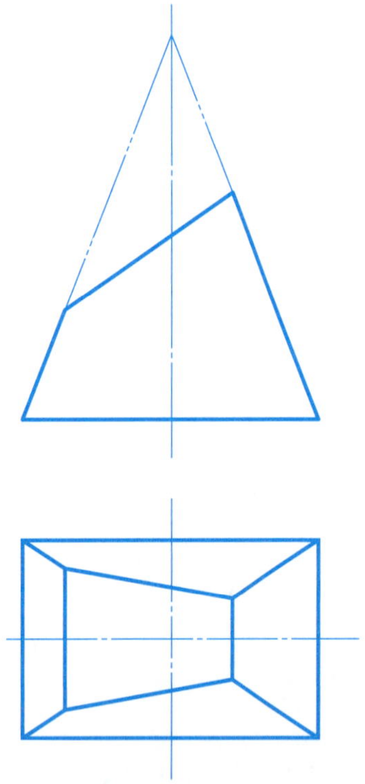

11-2 根据已有视图，求作相应结构件的展开图

班级 姓名 学号

11-2-4 求被曲面截切的正圆锥管的展开图。

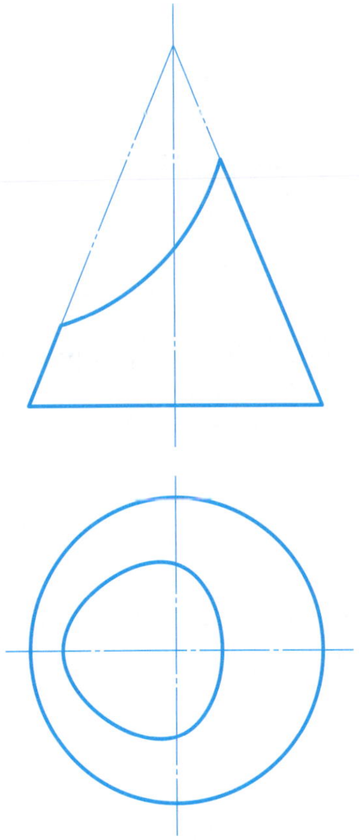

11-2-5 求上小下大方形偏心渐变管接头的展开图。

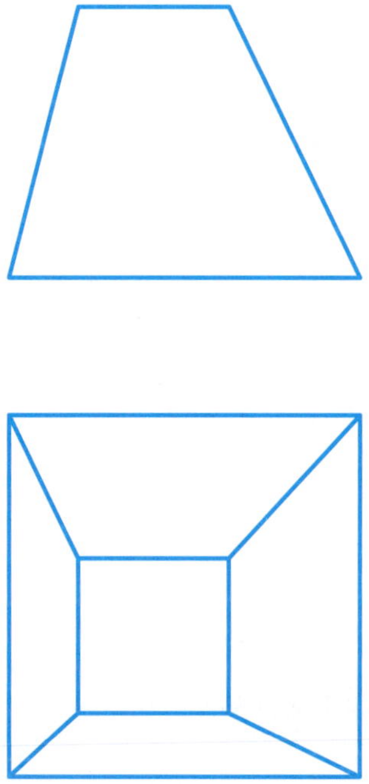

11-3 展开图综合训练

内容：按照 1∶1 的比例绘制展开图；制作钣金件。

目的：掌握展开图画法及钣金件制作过程。

要求：

（1）任选题目，在图纸上绘制展开图。

（2）剪下展开图粘贴成纸型。

（3）在毛料上划线，制作钣金件。（可每组完成一个）

注意事项：

（1）在图纸或毛料上按 1∶1 绘制视图，不标注尺寸。

（2）绘图之前合理安排图纸，避免图形超出图纸或图形重叠。

（3）作图力求准确，可全部用细线型绘制。

（4）粘贴之前请阅读“制作注意事项”。

（5）粘贴制作时，注意各接口的方位与图纸一致。

制作注意事项

将各展开图剪下，用胶水或双面胶进行粘贴，作成纸型。

（1）每一组成部分的接缝处都要留出一定的余量，以便于粘贴，如下图所示。

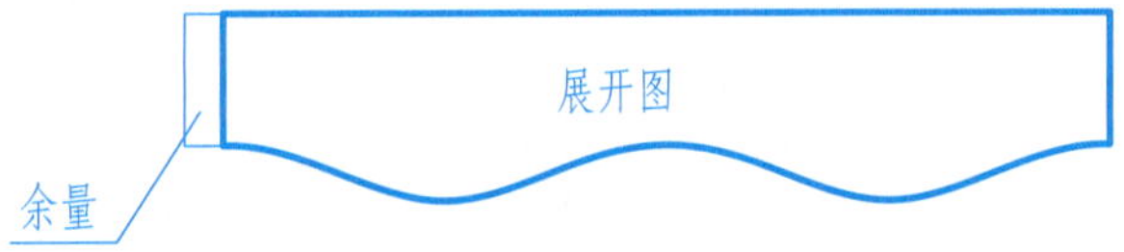

（2）各组成部分之间的接缝处，也要留出一定的余量，以便于相互粘贴，如下图所示。

（3）粘贴时要准确定位，要对齐，不要歪斜。如发现展开图绘制的有误差不够准确，可以作必要的修正。

11-3-1 制作弯头。

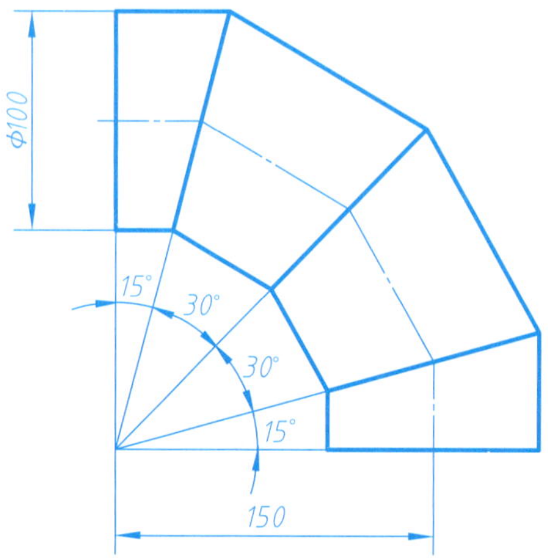

11-3-2 制作分离器。

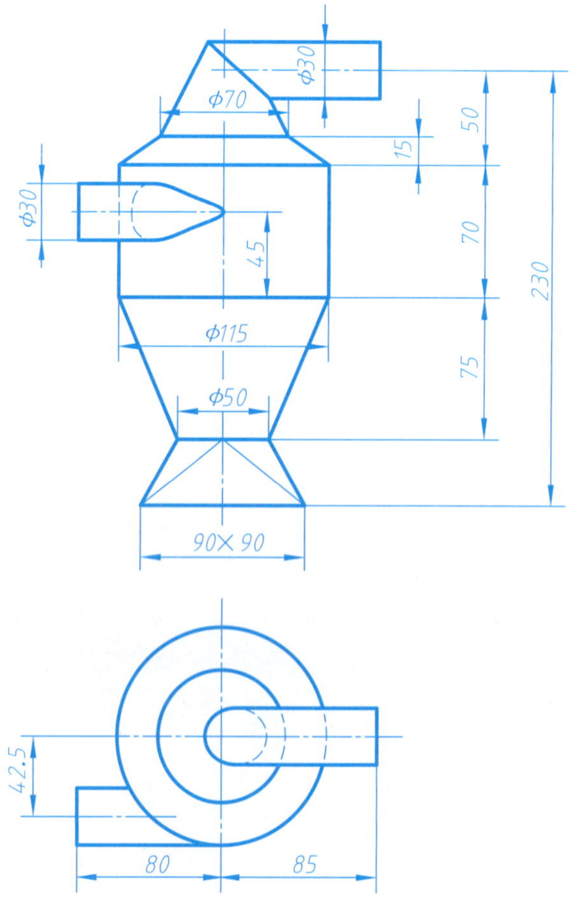

第 12 章　电气制图

12-1　写出下列图形所表示的元器件名称

班级　　　　姓名　　　　学号

______　______　______　______　______　______　______　______　______　______

12-2　绘制下列元器件的图形符号

可调电阻器　可调电容器　带滑动触点的电阻器　接地　集电极接管壳的 PNP 晶体管　天线　带磁芯的电感器　灯　动合（常开触点）开关

12-3　改画电路图，避免导线交叉

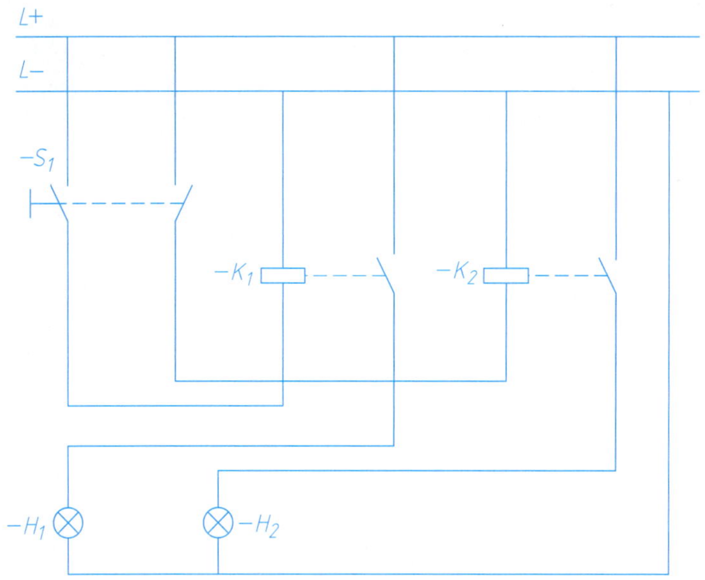

二维码汇总表

序号	页码	类型	名称	二维码	序号	页码	类型	名称	二维码
1	5	视频	1-4-4 作圆外切正六边形		11	16	模型	3-2-1 模型	
2	5	视频	1-4-5 四心圆法绘制椭圆		12	16	模型	3-2-2 模型	
3	5	视频	1-4-6 同心圆法绘制椭圆		13	16	模型	3-2-3 模型	
4	6	视频	1-4-9 圆弧连接-连接直线		14	16	视频	3-2-4 六棱柱被截切	
5	6	视频	1-4-10 圆弧连接-连接圆弧		15	16	模型	3-2-4 模型	
6	7	视频	1-5-1 绘制平面图形		16	16	模型	3-2-5 模型	
7	9	视频	2-1-1 绘制物体的三视图		17	16	视频	3-2-6 三棱锥被截切	
8	10	视频	2-1-7 绘制物体的三视图		18	16	模型	3-2-6 模型	
9	15	视频	3-1-5 圆锥及其表面取点的作图		19	17	视频	3-2-7 圆柱被截切	
10	15	视频	3-1-6 圆球及其表面取点的作图		20	17	模型	3-2-7 模型	

序号	页码	类型	名称	二维码	序号	页码	类型	名称	二维码
21	17	模型	3-2-8 模型		31	19	模型	3-3-4 模型	
22	17	模型	3-2-9 模型		32	20	模型	3-3-9 模型	
23	17	模型	3-2-10 模型		33	20	模型	3-3-11 模型	
24	17	模型	3-2-11 模型		34	21	视频	4-1-2 绘制物体的正等轴测图	
25	17	视频	3-2-12 空心圆柱被截切		35	23	视频	4-2-1 绘制物体的斜二轴测图	
26	17	模型	3-2-12 模型		36	25	视频	5-2-1 绘制组合体的三视图	
27	19	模型	3-3-1 模型		37	28	模型	5-4-4 模型	
28	19	模型	3-3-2 模型		38	28	模型	5-4-5 模型	
29	19	模型	3-3-3 模型		39	28	视频	5-4-6 补画漏线	
30	19	视频	3-3-4 空心圆柱相贯线		40	28	模型	5-4-6 模型	

序号	页码	类型	名称	二维码	序号	页码	类型	名称	二维码
41	29	模型	5-4-7 模型		49	30	视频	5-5-3 补画第三视图	
42	29	模型	5-4-8 模型		50	30	模型	5-5-4 模型	
43	29	模型	5-4-9 模型		51	31	模型	5-5-7 模型	
44	29	模型	5-4-10 模型		52	31	模型	5-5-8 模型	
45	29	模型	5-4-11 模型		53	31	模型	5-5-9 模型	
46	29	视频	5-4-12 补画漏线		54	31	模型	5-5-10 模型	
47	29	模型	5-4-12 模型		55	37	模型	6-4-3 模型	
48	30	模型	5-5-1 模型		56	38	模型	6-5-3 模型	

参考文献

[1] 刘立平. 化工制图习题集. 2版. 北京：化学工业出版社，2021.
[2] 刘力. 机械制图习题集. 4版. 北京：高等教育出版社，2013.
[3] 合肥工业大学工程图学系. 工程图学基础习题集. 北京：中国铁道出版社，2018.
[4] 王丹虹. 现代工程制图习题集. 2版. 北京：高等教育出版社，2016.
[5] 任晶莹，杨建华. 工程制图习题集. 沈阳：东北大学出版社，2016.
[6] 邓劲莲，沈国强. 机械产品三维建模图册. 北京：机械工业出版社，2017.
[7] 樊宁，何培英. 典型机械零部件表达方法350例. 北京：化学工业出版社，2018.